国家中等职业教育改革发展示范学校建设系列成果

U0322005

电工技术基础与技能

DIANGONG JISHU JICHU YU JINENG

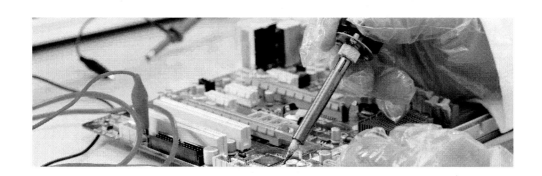

主 编　刘　洋　何建铵

参 编　石　波　伍田平

杨鹏程　刘宗赫　欧汉福

主 审　梁伟生　胡婷婷

重庆大学出版社

内容提要

《电工技术基础与技能》是国家中等职业教育改革发展示范学校建设项目的系列成果之一,本书根据国家《中等职业学校电工技术基础与技能教学大纲》的要求,针对当前各中职学校的学生特点,在对电类专业的现状和行业实际进行调研后结合中等职业教育的实际情况进行编写的。针对电工课程理论性较强的特点,教材在编写的体例上尝试作了一些突破,采用"项目+任务"的形式,将相关理论知识融入项目中,每个项目以多个工作任务作为载体,任务的设计尽量结合了生产生活的实例,使得各任务的可操作性较强,内容安排由浅入深,循序渐进,学生通过完成相应的工作任务从而实现知识与技能的学习。

本书共5个项目,内容包括电工实训室认知与安全用电、直流电路、电容与电感、交流电路、基本电气控制线路的安装。本书适合采用理实一体化教学,可供中等职业学校电类相关专业使用。

图书在版编目(CIP)数据

电工技术基础与技能 / 刘洋,何建铵主编.—重庆:
重庆大学出版社,2015.3
中等职业教育电子与信息技术专业系列教材
ISBN 978-7-5624-8870-5

Ⅰ.①电… Ⅱ.①刘…②何… Ⅲ.①电工技术—
等专业学样—教材 Ⅳ.①TM

中国版本图书馆 CIP 数据核字(2015)第 038215 号

电工技术基础与技能

主 编 刘 洋 何建铵
主 审 梁伟生 胡婷婷
策划编辑:陈一柳

责任编辑:李定群 高鸿宽 版式设计:陈一柳
责任校对:关德强 责任印制:张 策

*

重庆大学出版社出版发行
出版人:易树平
社址:重庆市沙坪坝区大学城西路 21 号
邮编:401331
电话:(023)88617190 88617185(中小学)
传真:(023)88617186 88617166
网址:http://www.cqup.com.cn
邮箱:fxk@ cqup.com.cn(营销中心)
全国新华书店经销
POD:重庆书源排校有限公司

*

开本:787mm×1092mm 1/16 印张:12.5 字数:281 千
2015 年 3 月第 1 版 2015 年 3 月第 1 次印刷
ISBN 978-7-5624-8870-5 定价:23.80 元

重庆市工贸高级技工学校
电子技术应用专业教材编写
委员会名单

主　任　叶　干
副主任　张小林　刘　洁
委　员　何建铵　刘　洋　刘宗赫
　　　　胡伶俐　欧汉福　曾　璐
　　　　梁伟生
审　稿　欧　毅　陈　良　刘　洁

合作企业：
　　　　重庆艾申特电子科技有限公司
　　　　上海因仑信息技术有限公司
　　　　旭硕科技有限公司
　　　　纬创资通有限公司
　　　　达丰电脑有限公司

序　言

　　重庆市工贸高级技工学校实施国家中职示范校建设计划项目取得丰硕成果。在教材编写方面，更是量大质优。数控技术应用专业6门，汽车制造与检修专业4门，服装设计与工艺专业3门，电子技术应用专业3门，中职数学基础和职业核心能力培养教学设计等公共基础课2门，共计18门教材。

　　该校教材编写工作，旨在支撑体现工学结合、产教融合要求的人才培养模式改革，培养适应行业企业需要、能够可持续发展的技能型人才。编写的基本路径是，首先进行广泛的行业需求调研，开展典型工作任务与职业能力分析，建构课程体系，制定课程标准；其次，依据课程标准组织教材内容和进行教学活动设计，广泛听取行业企业、课程专家和学生意见；再次，基于新的教材进行课程教学资源建设。这样的教材编写，体现了职业教育人才培养的基本要求和教材建设的基本原则。教材的应用，对于提高人才培养的针对性和有效性必将发挥重要作用。

　　关于这些教材，我的基本判断是：

　　首先，课程设置符合实际，这里所说的实际，一是工作任务实际，二是职业能力实际，三是学生实际。因为他们是根据工作任务与职业能力分析的结果建构的课程体系。这是非常重要的，惟有如此，才能培养合格的职业人。

　　其二，教材编写体现六性。一是思想性，体现了立德树人的要求，能够给予学生正能量。二是科学性，课程目标、内容和活动设计符合职业教育人才培养的基本规律，体现了能力本位和学生中心。三是时代性，教材的目标和内容跟进了行业企业发展的步伐，新理念、新知识、新技术、新规范等都有所体现。四是工具性，教材具有思想品德教育功能、人类经验传承功能、学生心理结构构建功能、学习兴趣动机发展功能等。五是可读性，多数教材的内容具有直观性、具体性、概况性、识记性和迁移性等。六是艺术性，这在教材的版式设计、装帧设计、印刷质量、装帧质量等方面都得到体现。

　　其三，教师能力得到提升。在示范校建设期间，尤其在教材编写中，诸多教师为此付出了宝贵的智慧、大量的心血，他们的人生价值、教师使命得以彰显。不仅学校不会忘记他们，一批又一批使用教材的学生更会感激他们。我为他们感到骄傲，并向他们致以敬意。

重庆市教科院职成教研究所 谭绍华

2015 年 3 月 5 日

前　言

随着经济的不断发展,社会各行各业对高素质的劳动者和技能型人才也提出了新的要求。职业教育作为培养国家技能型人才的主要途径,理应及时作出改革,以适应社会的需求。为此,国家三部委正大力推进"国家中等职业教育改革发展示范学校建设"项目,以使得职业教育能更好地适应经济社会的发展需求。

本书正是依据国家中等职业教育改革发展示范学校建设有关课程建设与教学模式改革的具体要求,结合教育部新颁布的《中等职业学校电工技术基础与技能教学大纲》、人社部《维修电工国家职业标准》等要求而编写的。

本教材具有以下特点:

1. 在教材编写体例上,突破了传统的章节模式,采用了当前广泛运用的"项目 + 任务"的形式,将传统的理论知识融入到各个项目中,通过各工作任务的执行与实施,实现知识与技能的一体化学习。

2. 在内容的组织上,保留了传统的电工教材的主要学习内容,同时,根据对相关企业岗位典型工作任务的调研与分析,加入了一些新元件、新技术等,使得教材在降低理论要求的情况下又保证了必学的知识点不减少,更贴近当前的实际需求。

3. 在内容呈现方式上,改变以往教材单一、枯燥的页面形式,通过图、文、表等相结合,使得教材更生动、立体,尽量让读者愿意甚至喜欢去读。

4. 在学习评价上,结合任务的完成情况,采用学生自我评价与教师评价相结合,使得评价方式客观、公平、有效,也更能激发动手操作的热情。

《电工技术基础与技能》是中等职业学校电类专业的一门基础课程,对学生专业兴趣养成,培养其后续学习电类专业技能课程的基本能力,起着至关重要的作用。学生要学会观察、分析与解释电的基本现象,能描述电路的基本概念、基本定律和定理,认识其在生产生活中的实际应用,会使用常用电工工具与仪器仪表,能识别与检测常用电工元件,能处理电工技术实验与实训中的简单故障,遵守电工技能实训的安全操作规范。

本书由重庆市工贸高级技工学校刘洋、何建铵担任主编,刘洋负责全书的统稿。其中,项目一由刘洋编写,项目二由刘洋和重庆市渝北职业教育中心石波共同编写,项目三由重庆市机械高级技工学校伍田平编写,项目四由欧汉福、何建铵和刘宗赫共同编写,项目五由重庆市梁平职业教育中心杨鹏程编写。重庆市工贸高级技工学校机电工程系梁伟生、胡婷婷两位老师对本书进行了审稿。

由于时间仓促,编者水平有限,书中可能存在某些缺点和错误,恳请读者给予批评指正。

编　者

2014 年 12 月

目　录

项目一

电工实训室认知与安全用电

　　学习电工知识与技能，首先需要走进电工实训室，认识相关硬件设备。通过本项目的学习，让你熟悉电工实训台、常用电工工具和仪器仪表，建立起对电工实训的第一印象。同时，熟悉安全用电的基本常识，在遇到用电安全问题时能选择正确的处理方法，避免安全事故的发生。

【知识目标】

1.能识别电工实训室基本配置、基本仪器仪表和常用电工工具。

2.熟悉电工实训室的操作规程。

3.具备安全用电基本常识。

【技能目标】

1.会正确使用交、直流电源。

2.能正确使用电工工具及仪器仪表。

3.会将"8S"管理应用于实训室管理。

4.能识别供电系统的安全标志。

5.能正确实施触电急救及电气火灾处理。

【情感目标】

1.树立安全用电与规范操作的职业意识。

2.提高对专业的学习兴趣。

3.养成独立思考的习惯。

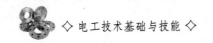

任务一 走进电工实训室

【任务分析】

要学习电工相关知识与技能,使用电工实训设备是必不可少的手段,它是学习本课程的基础硬件平台。只有正确并熟练使用这些实训设备,才能进行后续专业课的学习,从而扎实掌握本专业的相关技能。因此,首先应该对电工实训室有一个基本的认识。

【知识准备】

一、实训台及功能模块

走进电工实训室,你将看到实训台如图 1-1 所示。

图 1-1 电工实训台

实训台各部分功能模块如图 1-2 所示。

二、实训台上的电源配置

实训台电源部分,作为提供电能的装置,一般均提供多组电源,以便满足不同的电工实验实训需求。实训台电源输入通常为三相交流电源,配置有三相漏电保护开关与过流保护装置。电源输出通常有两大类,即直流和交流部分。直流电源部分一般用"DC"或符号"—"表示;而交流电源部分则用"AC"或者符号" ～ "表示。

直流电源通常有以下 4 种:

①5 V 固定输出直流电源。

②3 ～ 24 V 可调输出直流电源。

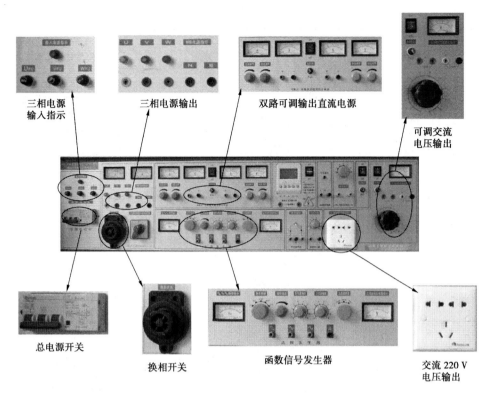

图 1-2　实训台功能模块

③单相交流电源。

④三相交流电源。

三、常用电工工具

电工实训过程中，往往还会使用到一些电工工具，一般放在实训台中间抽屉常用电工工具名称和功能说明见表 1-1。

表 1-1　工具名称和功能说明

名　称	对应实物图片	功能说明
螺丝刀 （又称起子、改刀）		主要有一字和十字两种。它是一种用来拧转螺丝钉以迫使其就位的工具
钢丝钳 （又称老虎钳）		用于夹持或弯折薄片形、圆柱形金属零件及切断金属丝，其旁刃口也可用于切断细金属丝

续表

名　称	对应实物图片	功能说明
尖嘴钳		主要用来剪切线径较细的单股与多股线,以及给单股导线接头弯圈、剥塑料绝缘层等,能在较狭小的工作空间操作
斜口钳		主要用于剪切导线以及元器件多余的引线,还常用来代替一般剪刀剪切绝缘套管、尼龙扎线卡等
剥线钳		专供电工剥除电线头部的表面绝缘层用
活动扳手		用来紧固和起松螺母的一种工具
试电笔		用来测试电线中是否带电。笔体中有一氖泡,测试时如果氖泡发光,说明导线有电,或者为通路的火线
电烙铁		电子制作和电器维修的必备工具,主要用途是焊接元件及导线
电工刀		作为农村电工常用的一种切削工具,主要用于剥削电线线头、切削木台缺口、削制木枕等

四、常用仪器仪表

除了常用的电工工具以外,在实训室里往往还配置有一些常用的仪器仪表,如图1-3所示。

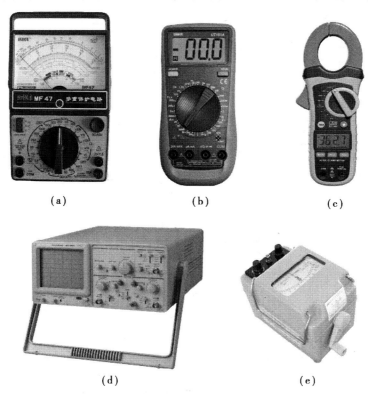

（a）　　　　　　　　　（b）　　　　　　　　　（c）

（d）　　　　　　　　　　（e）

图1-3　常用的仪器仪表

【任务实施】

①找出常用的电工工具,仔细观察其结构,并在表1-2中举例列出各种工具的使用场合。

表1-2　常用工具的使用场合

工具名称	使用场合
螺丝刀	
钢丝钳	
尖嘴钳	
斜口钳	
剥线钳	
活动扳手	
试电笔	
电烙铁	
电工刀	

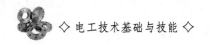

②依次找出对应的仪器仪表,尝试描述其功能,并记录到表1-3中。

表1-3 各仪器仪表功能

仪器仪表名称	功　　能
模拟万用表	
数字万用表	
钳形表	
示波器	
兆欧表	

【友情提醒】

　　在电子技术中经常会用到正弦波、方波、三角波等信号,电工实训台还提供有信号源,用以产生对应的信号。另外,通常在漏电保护开关上方,设置有电压输入指示灯,指示输入的电压状态。同时,为了能直观显示输入、输出部分的各电压、电流的大小,实训台通常还配置有多个电压表、电流表,用于显示其数值的大小。

【任务评价】

任务内容	任务要求	完成情况		
		能独立完成	能在老师指导下完成	不能完成
电工工具部分	能正确找出各种电工工具			
	能列举出各种工具的使用场合			
仪器仪表部分	能正确找出各种仪表			
	能正确描述各仪表功能			
自我评价				
教师评价				
任务总评				

【知识巩固】

1. 实训台配置的电源通常有_____和_____两大类。

2. 通常用来剪切导线和元器件引脚的电工工具是_____。

3. _____表可用来直接测量导线中的交流电大小。

任务二　实训室安全操作与"8S"管理

【任务分析】

进入电工实训室以后,由于大多数教学实训活动都是需要通电完成的,因此对于实训平台及相关设备的安全操作就显得尤为重要。实训过程中,还必须对整个实训室进行科学规范的管理,以便最大限度地杜绝安全事故的发生,同时还能提高学习效率。

【知识准备】

一、电工实训室安全操作规程

在实训室里应注意的问题如下:

①学生进入实训室后,要服从实训指导教师安排,自觉进入指定的工位,不得私自调换工位,未经同意,不得擅自动用设备、工具和器材。

②工作前必须检查工具、测量仪器、仪表和防护用品是否完好。

③室内的任何电器设备,未经验电,一律视为有电,不准用手触及,任何接、拆线都必须切断电源后方可进行。

④动力配电箱的闸刀开关,严禁带负荷拉开。

⑤带电工作,要在有经验的实训指导教师或电工监护下,并用绝缘垫、云母板、绝缘板等将带电体隔开后,方可带电工作,带电工作必须穿好防护用品,使用有绝缘柄的工具工作,严禁使用锉刀、钢尺等导电工具。

⑥电器设备金属外壳必须妥善接地(接零),接地电阻要符合标准,所有电气设备都不准断开外壳接地线或接零线。

⑦电器或线路拆除后,裸露的线头必须及时用绝缘带包扎好,高压电器拆除后遗留线头必须短路接地。

⑧使用电动工具,要戴绝缘手套,站在绝缘物上工作。

⑨电机、电器检修完工后,要仔细检查是否有错误和遗忘的地方,必须清点工具零件,以防遗留在设备内造成事故。

⑩动力配电盘、配电箱、开关、变压器等各种电器设备周围不准堆放各种易燃、易爆、潮湿或其他影响操作的物品。

⑪电气设备发生火灾,未切断电源,严禁用水灭火。

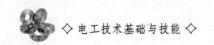

⑫若发生事故,要认真分析与查清原因,明确责任,落实防范措施,填好事故报告,并上报指导老师和相关部门。

⑬准确及时填写实训报告,做好相关记录。

二、"8S"管理

1. 何谓"8S"

"8S"就是整理(Seiri)、整顿(Seiton)、清扫(Seiso)、清洁(Seiketsu)、素养(Shitsuke)、安全(Safety)、节约(Save)、学习(Study)8 个项目,因其古罗马发音均以"S"开头,简称为"8S"。

2. "8S"的定义

(1)整理(Seiri)

把要与不要的人、事、物分开,再将不需要的人、事、物加以处理,这是开始改善生产现场的第一步。其要点是对生产现场的现实摆放和停滞的各种物品进行分类,区分什么是现场需要的,什么是现场不需要的;其次,对于现场不需要的物品,如用剩的材料、多余的半成品、切下的料头、切屑、垃圾、废品、多余的工具、报废的设备、工人的个人生活用品等,要坚决清理出生产现场,这项工作的重点在于坚决把现场不需要的东西清理掉。对于车间里各个工位或设备的前后、通道左右、厂房上下、工具箱内外,以及车间的各个死角,都要彻底搜寻和清理,达到现场无不用之物。坚决做好这一步,是树立好作风的开始。日本有的公司提出口号:效率和安全始于整理!

整理的目的如下:

①改善和增加作业面积。

②现场无杂物,行道通畅,提高工作效率。

③减少磕碰的机会,保障安全,提高质量。

④消除管理上的混放、混料等差错事故。

⑤有利于减少库存量,节约资金。

⑥改变作风,提高工作情绪。

(2)整顿(Seiton)

把需要的人、事、物加以定量、定位。通过前一步整理后,对生产现场需要留下的物品进行科学合理的布置和摆放,以便用最快的速度取得所需之物,在最有效的规章、制度和最简捷的流程下完成作业。

整顿活动的要点如下:

①物品摆放要有固定的地点和区域,以便于寻找,消除因混放而造成的差错。

②物品摆放地点要科学合理。例如,根据物品使用的频率,经常使用的东西应放得近些(如放在作业区内),偶尔使用或不常使用的东西则应放得远些(如集中放在车间某处)。

③物品摆放目视化,使定量装载的物品做到过目知数,摆放不同物品的区域采用不同的色彩和标志加以区别。

生产现场物品的合理摆放有利于提高工作效率和产品质量,保障生产安全。这项工作已发展成一项专门的现场管理方法——定置管理。

（3）清扫（Seiso）

把工作场所打扫干净,设备异常时马上修理,使之恢复正常。生产现场在生产过程中会产生灰尘、油污、铁屑、垃圾等,从而使现场变脏。脏的现场会使设备精度降低,故障多发,影响产品质量,使安全事故防不胜防;脏的现场更会影响人们的工作情绪,使人不愿久留。因此,必须通过清扫活动来清除那些脏物,创建一个明快、舒畅的工作环境。

清扫活动的要点如下:

①自己使用的物品,如设备、工具等,要自己清扫,而不要依赖他人,不增加专门的清扫工。

②对设备的清扫,着眼于对设备的维护保养。清扫设备要同设备的点检结合起来,清扫即点检;清扫设备要同时做设备的润滑工作,清扫也是保养。

③清扫也是为了改善。当清扫地面发现有飞屑和油水泄漏时,要查明原因,并采取措施加以改进。

（4）清洁（Seiketsu）

整理、整顿、清扫之后要认真维护,使现场保持完美和最佳状态。清洁是对前3项活动的坚持与深入,从而消除发生安全事故的根源。创造一个良好的工作环境,使职工能愉快地工作。

清洁活动的要点如下:

①车间环境不仅要整齐,而且要做到清洁卫生,保证工人身体健康,提高工人劳动热情。

②不仅物品要清洁,而且工人本身也要做到清洁,如工作服要清洁,仪表要整洁,及时理发、刮须、修指甲、洗澡等。

③工人不仅要做到形体上的清洁,而且要做到精神上的"清洁",待人要讲礼貌,要尊重别人。

④要使环境不受污染,进一步消除混浊的空气、粉尘、噪声和污染源,消灭职业病。

（5）素养（Shitsuke）

素养即努力提高人员的修身,养成严格遵守规章制度的习惯和作风,这是"8S"活动的核心。没有人员素质的提高,各项活动就不能顺利开展,开展了也坚持不了。因此,抓"8S"活动,要始终着眼于提高人的素质。

（6）安全（Safety）

清除隐患,排除险情,预防事故的发生。目的是保障员工的人身安全,保证生产的连续安全正常的进行,同时减少因安全事故而带来的经济损失。

（7）节约（Save）

节约就是对时间、空间、能源等方面合理利用,以发挥它们的最大效能,从而创造一个高效率的、物尽其用的工作场所。

实施时应该秉持3个观念:能用的东西尽可能利用;以自己就是主人的心态对待企业的

资源;切勿随意丢弃,丢弃前要思考其剩余的使用价值。

节约是对整理工作的补充和指导,在我国,由于资源相对不足,更应该在企业中秉持勤俭节约的原则。

(8)学习(Study)

深入学习各项专业技术知识,从实践和书本中获取知识,同时不断地向同事及上级主管学习,学习长处从而达到完善自我,提升自己综合素质的目的。

学习的目的:使企业得到持续改善、培养学习性组织。

3."8S"管理的目的

(1)"8S"是最佳推销员

①被顾客称赞为干净的工厂,顾客乐于下订单。

②由于口碑相传,会有很多人来工厂参观学习。

③清洁明朗的环境,会吸引大家到这样的工厂来工作。

(2)"8S"是节约家

①降低很多不必要的材料以及工具的浪费。

②降低订购时间,节约很多宝贵的时间。

③"8S"也是时间的保护神(Time Keeper),能降低工时,交货不会延迟。

(3)"8S"对安全有保障

①宽广明亮、视野开阔的工作场所能使物流一目了然。

②遵守堆积限制。

③走道明确,不会造成杂乱情形而影响工作的顺畅。

(4)"8S"是标准化的推动者

①大家都正常地按照规定执行任务。

②建立全能的工作机会,使任何员工进入现场即可开展作业。

③程序稳定,品质可靠,成本下降。

(5)"8S"可形成令人满意的工作场所

①明亮、清洁的工作场所。

②员工动手做改善,有示范作用,可激发意愿。

③能带动现场全体人员进行改善的气氛。

【任务实施】

①结合实际情况,制订出本实训室的安全操作规程。

②认识试电笔。试电笔的结构如图1-4所示。

③依据安全操作规程,用试电笔检测实训台上的插座供电是否正常。合上电源开关,测试 U、V、W、N 和 PE 线,看测试哪一个端子时试电笔发光。

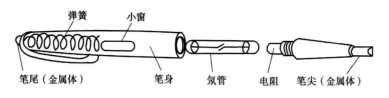

图 1-4　试电笔的结构

【任务评价】

任务内容	任务要求	完成情况		
		能独立完成	能在老师指导下完成	不能完成
制订安全操作规程	能制订出安全操作规程			
电笔的使用	能规范使用试电笔进行检测			
自我评价				
教师评价				
任务总评				

【想一想】
　　在日常学习中,可否运用"8S"管理? 在哪些地方可运用"8S"管理理念呢?

【知识巩固】

　　按照"8S"管理原则,对本实训室进行规范整理。

任务三　了解安全用电常识

【任务分析】

　　电能是一种方便的能源,它的广泛应用形成了人类近代史上第二次技术革命,有力地推动了人类社会的发展,给人类创造了巨大的财富,改善了人类的生活。如果用电者在生产和生活中缺乏一些必备的用电常识,不能正确、科学、安全地使用电,则会造成安全事故,甚至给生命和财产带来巨大损失。例如,触电可造成人身伤亡,设备漏电产生的电火花可能酿成火灾、爆炸。因此,了解安全用电常识非常重要。

【知识准备】

一、安全用电常识

1. 安全电压

国家标准《安全电压》(GB/T 3805—2008)规定,我国安全电压额定值的等级为 42 V、36 V、24 V、12 V、6 V,应根据作业场所、操作条件、使用方式、供电方式及线路状况等因素选用,具体见表1-4。

表 1-4　安全电压等级与适用场所

安全电压等级	适用场所
42 V 或 36 V	手提照明灯,危险环境和特别危险环境的携带式电动工具
24 V 或 12 V	金属容器内、隧道内、矿井内等工作地点狭窄、行动不便,以及周围有大面积接地导体的环境
6 V	特别潮湿的环境(如水下作业等)

2. 安全用电标志

明确统一的标志是保证用电安全的一项重要措施。统计表明,不少电气事故完全是由于标志不统一而造成的。例如,由于导线的颜色不统一,误将相线接设备的机壳,而导致机壳带电,酿成触电伤亡事故。

标志分为颜色标志和图形标志。颜色标志常用来区分各种不同性质、不同用途的导线,或用来表示某处的安全程度。图形标志一般用来告诫人们不要去接近有危险的场所。为保证安全用电,必须严格按有关标准使用颜色标志和图形标志。我国安全色标采用的标准基本上与国际标准草案(ISD)相同。一般采用的安全色有以下 5 种:

①红色:用来标志禁止、停止、危险或提示消防设备、设施的信息,如信号灯、信号旗、机器上的紧急停机按钮等都是用红色来表示"禁止"的信息。

②黄色:用来传递注意警告的信息。如"当心触电""注意安全"等。

③绿色:用来传递安全的提示信息。如"在此工作""已接地"等。

④蓝色:用来传递必须遵守规定的指令性信息,如"必须戴安全帽"等。

⑤黑色:用来标志图像、文字符号和警告标志的几何图形。

部分常见的安全用电标志如图1-5所示。

图 1-5　部分安全用电标志

3.安全用电原则

①不靠近高压带电体(室外高压线、变压器旁),不接触低压带电体。

②不用湿手扳开关、插入或拔出插头。

③安装、检修电器应穿绝缘鞋,站在绝缘体上,并且要切断电源。

④禁止用铜丝代替保险丝,禁止用橡皮胶代替电工绝缘胶布。

⑤在电路中安装漏电保护器,并定期检验其灵敏度。

⑥雷雨时,不使用收音机、录像机、电视机,且拔出电源插头,拔出电视机天线插头。

⑦严禁私拉乱接电线,禁止学生在寝室使用电炉、"热得快"等电器。

⑧不在架有电缆、电线的下面放风筝和进行球类活动。

二、触电

触电是指因人体接触或靠近带电体而导致一定量的电流通过人体使人体组织损伤并产生功能障碍,甚至死亡的现象。按照人体受伤程度不同,触电可分为电击和电伤两种类型。电击是指电流通过人体细胞、骨骼、内脏器官、神经系统等造成的伤害。电伤一般是指由于电流的热效应、化学效应和机械效应对人体外部造成的局部伤害,如电弧伤、电灼伤等。

1.触电对人体的伤害

电流对人体伤害的严重程度一般与通过人体电流的大小、时间、部位、频率和触电者的身体状况有关。流过人体的电流越大,危险越大;电流通过人的脑部和心脏时最为危险;工频电流的危害要大于直流电流。不同大小的电流对人体的影响也不同,具体见表1-5所示。

表 1-5　不同大小的电流对人体的影响

电流/mA	交流电	直流电
0.6 ~ 1.5	手指开始感觉麻刺	无感觉
2 ~ 3	手指感觉强烈麻刺	无感觉
5 ~ 7	手指感觉肌肉痉挛	感到灼热和刺痛

续表

电流/mA	交流电	直流电
8 ~ 10	手指关节与手掌感觉痛,手已难于脱离电源,但仍能脱离电源	灼热增加
20 ~ 25	手指感觉剧痛、迅速麻痹、不能摆脱电源,呼吸困难	灼热更增,手的肌肉开始痉挛
50 ~ 80	呼吸麻痹,心室开始震颤	强烈灼痛,手的肌肉痉挛,呼吸困难
90 ~ 100	呼吸麻痹,持续 3 s 或更长时间后心脏麻痹或心房停止跳动	呼吸麻痹
500 以上	延续 1 s 以上有死亡危险	呼吸麻痹,心室震颤,停止跳动

【感知电流】感知电流是指人体能够感觉到的最小电流。

【摆脱电流】摆脱电流是指人体可以摆脱掉的最大电流。

【致命电流】致命电流是指大于摆脱电流,能够置人于死地的最小电流。

2. 触电方式

造成人体触电的方式主要有单相触电、两相触电和跨步电压触电 3 种,具体如图 1-6 所示。

单相触电　　　　　　两相触电　　　　　　跨步电压触电

图 1-6　触电方式

3. 触电现场的应急处理

当发现有人触电,不要惊慌,必须用最快的方法使触电者脱离电源,具体方法可用"拉""切""挑""拽""垫"5 个字来概括。然后根据触电者的具体情况进行相应的现场救护。触电现场处理应按以下步骤来进行:

(1)脱离电源

触电急救,首先要使触电者迅速脱离电源,越快越好。因为电流作用的时间越长,伤害越重。所以要把触电者接触的那一部分带电设备的开关、刀闸或其他断路设备立即断开;或设法将触电者与带电设备脱离。

【知识窗】

触电者未脱离电源前，救护人员不准直接用手触及伤员，因为有触电的危险。如触电者处于高处，脱离电源后会自高处坠落，因此要采取预防措施。触电者触及低压带电设备，救护人员应设法迅速切断电源，如拉开电源开关或刀闸，拔除电源插头等；或使用绝缘工具、干燥的木棒、木板、绳索等，不导电的东西解脱触电者；也可抓住触电者干燥而不贴身的衣服，将其拖开，切记要避免碰到金属物体和触电者的裸露身躯；也可戴绝缘手套或将手用干燥衣物等包起绝缘后解脱触电者；救护人员也可站在绝缘垫上或干木板上，绝缘自己进行救护。为使触电者与导电体解脱，最好用一只手进行。如果电流通过触电者入地，并且触电者紧握电线，可设法用干木板塞到身下，与地隔离，也可用干木把斧子或有绝缘柄的钳子等将电线剪断。如果触电者触及断落在地上的带电高压导线，且尚未确证线路无电，救护人员在未做好安全措施（如穿绝缘靴或临时双脚并紧跳跃地接近触电者）前，不能接近断线点至 8 ~ 10 m 范围内，防止跨步电压伤人。救护触电伤员切除电源时，有时会同时使照明失电，因此应考虑事故照明、应急灯等临时照明。

（2）触电现场急救处理

发生触电意外事故，应坚持迅速、就地、准确的原则进行触电现场急救。触电者脱离带电导线后应迅速将其带至 8 ~ 10 m 以外，在确认触电者离开触电导线后，立即就地进行急救。触电急救必须分秒必争，应就地迅速用心肺复苏法进行抢救，并坚持不断地进行，同时及早与医疗部门联系，争取医务人员接替救治。

触电伤员神志清醒者，应使其就地躺平，严密观察，暂时不要站立或走动；触电伤员若神志不清者，应就地仰面躺平，且确保气道通畅，并用 5 s 时间呼叫伤员或轻拍其肩部，以判定伤员是否意识丧失，禁止摇动伤员头部呼叫伤员；需要抢救的伤员，应立即就地坚持正确抢救，并设法联系医疗部门接替救治。在医务人员未接替救治前，不应放弃现场抢救，更不能只根据没有呼吸或脉搏擅自判定伤员死亡，放弃抢救。

三、触电急救方法

触电伤员呼吸和心跳均停止时，应立即按心肺复苏法支持生命的 3 项基本措施，正确进行就地抢救。

1. 通畅气道

①触电伤员呼吸停止，重要的是始终确保气道通畅。如发现伤员口内有异物，可将其身体及头部同时侧转，迅速用一个手指或用两个手指交叉从口角处插入，取出异物；操作中要注意防止将异物推到咽喉深处。

②通畅气道可采用仰头抬颏法。用一只手放在触电者前额，另一只手的手指将其下颌骨向上抬起，两手协同将头部推向后仰，舌根随之抬起，气道即可通畅。严禁用枕头或其他物品垫在伤员头下，头部抬高前倾，会更加重气道阻塞，且使胸外按压时流向脑部的血流减少，甚至消失。

2. 口对口（鼻）人工呼吸

①在保持伤员气道通畅的同时，救护人员用放在伤员额上的手的手指捏住伤员鼻翼，救护人员深吸气后，与伤员口对口紧合，在不漏气的情况下，先连续大口吹气两次，每次 1 ~ 1.5 s。如两次吹气后试测颈动脉仍无搏动，可判断心跳已经停止，要立即同时进行胸外按压。

②除开始时大口吹气两次外，正常口对口（鼻）呼吸的吹气量不需过大，以免引起胃膨胀。吹气和放松时要注意伤员胸部应有起伏的呼吸动作。吹气时如有较大阻力，可能是头部后仰不够，应及时纠正。

③触电伤员如牙关紧闭，可口对鼻人工呼吸。口对鼻人工呼吸吹气时，要将伤员嘴唇紧闭，防止漏气。

口对口人工呼吸示意图如图 1-7 所示。

3. 胸外按压（人工循环）

胸外按压示意图如图 1-8 所示。

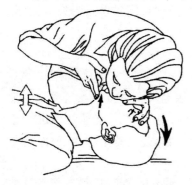
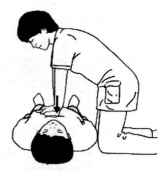

图 1-7　口对口人工呼吸示意图　　　　　图 1-8　胸外按压示意图

（1）按压位置

正确的按压位置是保证胸外按压效果的重要前提。确定正确按压位置的步骤如下：

①右手的食指和中指沿触电伤员的右侧肋弓下缘向上，找到肋骨和胸骨接合处的中点。

②两手指并齐，中指放在切迹中点（剑突底部），食指平放在胸骨下部。

③另一只手的掌根紧挨食指上缘，置于胸骨上，即为正确按压位置。

（2）按压姿势

正确的按压姿势是达到胸外按压效果的基本保证。正确的按压姿势如下：

①使触电伤员仰面躺在平硬的地方，救护人员立或跪在伤员一侧肩旁，救护人员的两肩位于伤员胸骨正上方，两臂伸直，肘关节固定不屈，两手掌根相叠，手指翘起，不接触伤员胸壁。

②以髋关节为支点，利用上身的重力，垂直将正常成人胸骨压陷 3 ~ 5 cm（儿童和瘦弱者酌减）。

③压至要求程度后，立即全部放松，但放松时救护人员的掌根不得离开胸壁。按压必须有效，有效的标志是按压过程中可以触及颈动脉搏动。

（3）操作频率

①胸外按压要以均匀速度进行，每分钟100次左右，每次按压和放松的时间相等。

②胸外按压与口对口（鼻）人工呼吸同时进行，其节奏：单人抢救时，每按压15次后吹气两次（15∶2），反复进行；双人抢救时，每按压5次后由另一人吹气一次（5∶1），反复进行。

（4）抢救过程中的再判定

①按压吹气1 min后（相当于单人抢救时做了4个15∶2压吹循环），应用看、听、试方法在5～7 s时间内完成对伤员呼吸和心跳是否恢复的再判定。

②若判定颈动脉已有搏动但无呼吸，则暂停胸外按压，而再进行两次口对口人工呼吸，接着每5 s吹气一次（即每分钟12次）。如脉搏和呼吸均未恢复，则继续坚持心肺复苏法抢救。

③在抢救过程中，要每隔数分钟再判定一次，每次判定时间均不得超过5～7 s。在医务人员未接替抢救前，现场抢救人员不得放弃现场抢救。

四、电气火灾的防范与扑救

电气火灾一般是指由于电气线路、用电设备、器具以及供配电设备出现故障性释放的热能。例如，高温、电弧、电火花以及非故障性释放的能量；又如，电热器具的炽热表面，在具备燃烧条件下引燃本体或其他可燃物而造成的火灾，也包括由雷电和静电引起的火灾。电气火灾主要包括漏电火灾、短路火灾、过负荷火灾及接触电阻过大火灾4种。

1. 电气火灾的防范

①要严格按照电力规程进行安装、维修，根据具体环境选用合适导线和电缆。

②强化维修管理，尽量减少人为因素，经常用仪表测量导线的绝缘情况。

③要选用合适的安全保护装置。熔断器应装在相线上，同时要在进户电源总开关上安装漏电保护装置。

④环境要保持良好的通风、散热条件。

⑤要选择质量过关的家用电器。

⑥不要将众多电器共同连接在一个电源插座上。

2. 电气火灾的扑救

在电的生产、传输、变换及使用过程中，由于线路短路、接点发热、电动机电刷打火、电动机长时间过载运行、油开关或电缆头爆炸、低压电器触头分合及电热设备使用不当等原因均可能引起电气火灾。

①发生火灾时，应保持清醒的头脑，不要惊慌，要冷静地根据现场情况采取适当的处理措施。

②尽快切断电源，防止火势蔓延。可采用拔插销、拉开关、断电线、拔保险等多种可行的方法。

③发现火情应及时拨打119火警报警电话，向消防部门报警。

【任务实施】

①设计 3 条安全用电标语。

②分组进行触电急救模拟操作(胸外心脏按压法和口对口人工呼吸法)。

【任务评价】

任务内容	任务要求	完成情况		
		能独立完成	能在老师指导下完成	不能完成
设计安全用电标语	能设计出安全用电标语			
触电急救操作	能规范进行胸外心脏按压法操作			
	能规范进行口对口人工呼吸法操作			
自我评价				
教师评价				
任务总评				

【知识拓展】

常见灭火器及使用

1.灭火器的外形、分类

常见的灭火器主要有泡沫灭火器、二氧化碳灭火器、干粉灭火器、1211 灭火器及水基灭火器等,其外形如图 1-9 所示。

2.常见灭火器的使用

(1)干粉灭火器的使用

将灭火器提到距火源适当位置后,先上下颠倒几次,使筒内的干粉松动,然后让喷嘴对准燃烧最猛烈处,拔去保险销,压下压把,灭火剂便会喷出干粉灭火。

(a)泡沫灭火器　　(b)二氧化碳灭火器　　(c)干粉灭火器　　(d)1211灭火器　　(e)水基灭火器

图1-9　常见灭火器的外形

（2）泡沫灭火器的使用

①右手握着压把，左手托着灭火器底部，轻轻地取下灭火器，右手提着灭火器到现场。右手捂住喷嘴，左手执筒底边缘，把灭火器颠倒过来呈垂直状态，用劲上下晃动几下，然后放开喷嘴。

②右手抓筒耳，左手抓筒底边缘，把喷嘴朝向燃烧区，站在离火源8 m的地方喷射，并不断前进，兜围着火焰喷射，直至把火扑灭。灭火后，把灭火器卧放在地上，喷嘴朝下。

泡沫灭火器的使用如图1-10所示。

（3）二氧化碳灭火器的使用

①右手握着压把，用左手提着灭火器到现场，除掉铅封，拽掉保险销。

②站在离火源2 m的地方，左手拿着喇叭筒，右手用力压下压把，对着火焰根部喷射，并不断推前，直至把火焰扑灭。

二氧化碳灭火器的使用如图1-11所示。

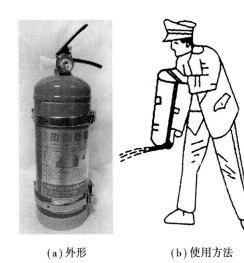

(a)外形　　　　(b)使用方法

图1-10　泡沫灭火器

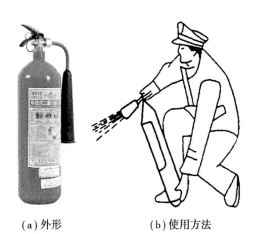

(a)外形　　　　(b)使用方法

图1-11　二氧化碳灭火器

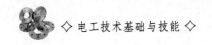

家庭用电安全常识

①任何情况下严禁使用铜、铁丝代替保险丝。保险丝的大小一定要与用电容量匹配。更换保险丝时要拔下瓷盒盖更换,不得直接在瓷盒内搭接保险丝,不得在带电情况下(未拉开刀闸)更换保险丝。

②购买家用电器时应认真查看产品说明书的技术参数(如频率、电压等)是否符合本地用电要求。要清楚家用电器的耗电功率是多少、家庭已有的供电能力是否满足要求,特别是配线容量、插头、插座、保险丝、电表是否满足要求。

③安装家用电器前应查看产品说明书对安装环境的要求,特别注意在可能的条件下,不要把家用电器安装在湿热、灰尘多或有易燃、易爆、腐蚀性气体的环境中。

④凡要求有保护接地或保安接零的家用电器都应采用三脚插头和三眼插座,不得用双脚插头和双眼插座代用,避免造成接地(或接零)线空挡。

⑤家庭配线中间最好没有接头。必须有接头时应接触牢固并用绝缘胶布缠绕,或者用瓷接线盒。严禁用医用胶布代替电工胶布包扎接头。

⑥接地或接零线虽然正常时不带电,但断线后如遇漏电会使电器外壳带电;如遇短路,接地线也将通过大电流。为保证安全,接地(接零)线规格应不小于相导线,在其上不得装开关或保险丝,也不得有接头。

⑦所有的开关、刀闸、保险盒都必须有盖。胶木盖板老化、残缺不全者必须更换。脏污受潮者必须停电擦抹干净后才能使用。

⑧发热电器周围必须远离易燃物料。电炉子、取暖炉、电熨斗等发热电器不得直接搁在木板上,以免引起火灾。

⑨禁止用湿手接触带电的开关;禁止用湿手拔、插电源插头;拔、插电源插头时手指不得接触触头的金属部分;也不能用湿手更换电气元件或灯泡。

⑩家用电器除电冰箱这类电器外,均要随手关掉电源,特别是电热类电器,要防止长时间发热造成火灾。

【知识巩固】

王某家新买了一台饮水机,因家中的三孔插座被其他家用电器占满,只剩下两孔插座,王某就把饮水机自带的三线插脚改装成了两线插脚使用。接上电源,饮水机开始工作。有一天,在使用的过程中,王某的儿子用手触摸到饮水机外壳时而触电身亡。

你能说说王某儿子触电的原因吗?如何才能预防此类事故的发生?

项目二

直流电路

　　在生活中,直流电路是众多电子产品的重要组成部分。什么是直流电路呢? 通过本项目的学习,认识直流电路的基本结构,识读常见直流电路图和对简单电路进行分析,并利用仪表测量电路相关参数;能够认识简单的电路实物图,学会直流电路的分析方法,利用万用表测量电路相关参数;能够将知识与技能应用到万用表的组装调试中。

【知识目标】

1.能认识电路基本结构及电路符号。

2.知道电路基本物理量的概念及含义,会进行物理量计算。

3.会叙述欧姆定律内容,会利用欧姆定律对串并联电路进行计算。

4.会叙述基尔霍夫定律内容,会利用基尔霍夫定律计算复杂电路。

【技能目标】

1.能正确使用万用表,会用万用表测量直流电路中的电流、电压。

2.用色环法识读电阻器,会用万用表检测电阻参数并判定其质量好坏。

3.能正确组装与调试 MF-47 型万用表。

【情感目标】

1.树立安全操作规范的职业意识。

2.提高对本专业的学习兴趣。

3.养成严谨的工作态度。

任务一　认识电路与电路图

【任务分析】

日常生活中,我们见过各种各样的电路,每种电路的结构和功能各有不同。要想知道电路的功能和元器件的作用,需要从电路组成结构入手,认识常见电路符号,分析其电路功能。因此,将在下面的内容中认识电路基本结构与符号。

【知识准备】

一、电路的组成

1.电路的含义

电路是指电流流过的路径。它是人们将电气设备和元器件按照一定方式连接起来实现相应功能的一个整体。

2.电路组成要素

电路通常由电源、负载、控制装置及导线 4 个部分组成。电路实物图如图 2-1 所示,电路模型如图 2-2 所示,该电路由电源、小灯泡、开关及连接导线组成。

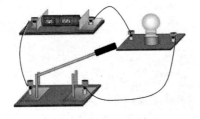
图 2-1　电路实物图

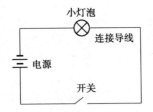
图 2-2　电路模型图

（1）电源

电源是提供电能的设备,将其他形式的能量转换为电能,向负载提供能量。干电池、蓄电池、发电机等都属于电源,实物如图 2-3 所示。

图 2-3　常见电源

（2）负载

负载是各种用电设备的总称，它将电能转换为其他形式的能量。例如，白炽灯将电能转换为光能。

（3）控制装置

控制装置是对用电设备进行通断控制或保护。例如，闸刀、空气开关、熔断器等，如图2-4所示。

图 2-4　常见控制装置

（4）导线

导线将电源、负载、控制装置连接起来构成闭合回路，起电能的传输和分配作用。一般导线材质有金属铜和铝。

3. 电路的作用

电路的作用主要分为两个：一是传输能量和信号；二是对电信号进行加工处理。

4. 电路的状态

电路通常分为以下3种状态：

①通路。电路连接成一个闭合回路，有电流流过负载。

②开路。开路也称为断路，电路断开不能构成回路，电路中没有电流流过负载。

③短路。电路中电源两端或者负载两端直接被导线连接，电流不经过负载，通过导线流向电源，这种状态称为短路状态。短路时，电流很大，容易损坏电源，在实际中应避免发生短路现象。

二、电路符号

由于实物电路符号绘制难度较大，比较烦琐，因此将电路实物模型转换成简单易懂的电路符号来绘制电路图，方便识读分析电路图，这些特定符号就是常说的电子元件。电子元件是电路最基本的组成部分，常用电子元件和电子设备的电路符号见表2-1。

表 2-1　常用电子元件和电子设备的电路符号

名　称	符　号	名　称	符　号
开关		发电机	—Ⓖ—
电源	—┤├—	熔断器	—▭—

续表

名 称	符 号	名 称	符 号
灯	⊗	铁芯线圈	
电阻		电压表	+ (V) −
电位器		电流表	+ (A) −
电容	⊣⊢	接地	⊥
电感		交叉连接导线	

三、电路基本物理量

1. 电流

电路必须是一个闭合回路才有电流经过负载。电荷的定向移动才能形成电流,通常规定正电荷定向移动的方向为电流方向。电流大小等于通过导体横截面的电荷量 q 与所用时间 t 的比值,即

$$I = \frac{q}{t}$$

式中　t——电荷量通过导体所用时间,s;

　　　I——电流,单位为安培,用"A"表示,还有 mA,μA,换算关系为

$$1\ A = 10^3\ mA = 10^6\ \mu A$$

2. 电位

河流中的水总是从高处流向低处,电路中各点存在电位,电位与水位相似。如果要计算某处水位有多高,需要找一个基准点才能进行计算,这个基准点称为参考点。如果要计算电路中某点的电位大小,也需要找一个参考点进行计算。参考点可根据电路情况任意选定,一般选择大地或公共点作为参考点,参考点的电位规定为 0 V。

某点的电位是定义为电场力将单位正电荷从某点移动到参考点所做的功,某点 A 的电位用字母 V_A 表示,单位为伏[特](V)。注意:电路中参考点选择不同,该点的电位也就不同。

3. 电压

河流中的水之所以可以流动,是因为水位有落差。那么,电荷要移动就必须要有电位差。电路中两点电位之差,称为这两点的电压。例如,U_{AB} 是指 A,B 两点之间的电压,即

$$U_{AB} = V_A - V_B$$

电压单位与电位单位相同,都为伏[特](V),$1\ kV = 10^3\ V = 10^6\ mV$。电压方向规定为高电位指向低电位。

4.电动势

电源是向负载提供电能的装置,有正极和负极两个电极,当电路接通后,正电荷通过负载流向负极,负电荷流向正极,随着时间的增加,电源的正极堆积大量负电荷,负极堆积大量正电荷,就不能向负载提供源源不断的电流。因此,电源内部存在了一种非静电力将负极上正电荷源源不断地送往正极,正极上的负电荷源源不断地送往负极,这样就可以一直向负载提供电流。电动势衡量了对电荷的运送能力,它是一个标量,方向为电源负极通过电源内部流向正极。

电动势 E 等于非静电力运送电荷所做的功与运送的电荷量 q 的比值,即

$$E = \frac{W}{q}$$

式中　E——电动势,单位为伏特,用"V"表示;

　　　W——非静电力运送电荷量做的功,J;

　　　q——电荷量,C。

四、测量电流电压的方法

1.测量电流

在直流电路中,测量电流是将电流表串联在电路中进行测量。测量时,选择合适的量程,将电流表红色表笔接正极,黑色表笔接负极。测量示意图如图2-5所示。

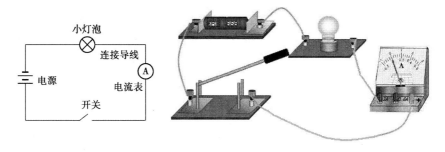

图 2-5　电流测量示意图

2.测量电压

在直流电路中,测量电压是将电压表并联在负载两端进行测量。测量时选择合适的量程,将电压表红色表笔接正极,黑色表笔接负极。测量示意图如图2-6所示。

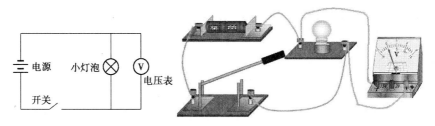

图 2-6　电压测量示意图

【任务实施】

根据如图 2-7 所示的电路图,利用实训室提供的器材工具动手连接电路实物图,通电验证电路是否成功,并在表 2-1 中记录电路中每个元件的名称、功能或作用。电路成功后,利用万用表测量电路 L_1 两端电压和回路总电流,将测量数据记录在表 2-2 中。

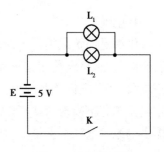

图 2-7 实训电路图

表 2-2 测量数据记录表

序 号	名 称	功 能
电路是否成功		
L_1 两端电压		
回路总电流		

【任务评价】

任务内容	任务要求	完成情况		
		能独立完成	能在老师指导下完成	不能完成
工具使用	能正确使用电工工具			
电路连接	能正确连接电路实现电路功能			
记录器件功能	能够正确记录器件名称及功能			
电流、电压测量	能正确测量电流及电压			
自我评价				
教师评价				
任务总评				

【知识拓展】

在电路中,通常用电池作为电子产品的电源,电池是电路的重要组成部分。电池有两个极性,分别为正极和负极。电池主要有标称电压和额定容量两个参数,电池的种类不同,电压大小、极性标注位置也就不同。常见标称电压有 1.2,1.5,3.7,4.2,9,12,15 V 等。额定容量单位用 A·h(安·时)或 mA·h(毫安·时)表示,例如,手机锂电池容量 2 000 mA·h,其含义是用 2 000 mA 的电流放电,能够使用 1 小时。电池种类繁多,常见电池的种类见表 2-3。

表 2-3　常见电池的种类

种　类	外　形	特　点
干电池		最常用的电池,电压值一般为每节 1.5 V,根据体积不同,由大到小依次分为 1 号、2 号、5 号、7 号
叠层电池		电压较高,常用的有 9,15 V 等。通常用于麦克风、万用表中
钮扣电池		体积小、质量轻、容量较小。输出电压有 1.5,3 V 等多种,通常用于电子表、计算机等
太阳能电池		太阳能电池是一种环保能源,常用于计算器、家用电器(如电热水器)的户外太阳能供电等
锂电池		可以充电重复使用,电压主要有 3.7,4.2,5 V 等,常用于手机、智能电子产品中
蓄电瓶		可以充电重复使用,电压较高,电压主要有 12,24,48,100 V 等,常用于电动车、汽车中
充电电池		可以充电重复使用,电压较低,一般为 1.5 V,常用于照相机、电动剃须刀、儿童玩具中

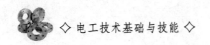
【知识巩固】

1. 电路通常由_____、_____、_____及_____4个部分组成。

2. 电路的作用主要分为_____和_____。

3. 电路通常分为_____、_____和_____3种状态。

4. 画出电源、开关、灯泡、电压表及电流表的电路符号。

5. 在 1 min 时间内,通过导线的电量为 6 C,求这段时间内该导线中通过的电流是多少?

6. 在某电路中,测得 A 点电位为 5 V,B 点电位为 -3 V,则 A,B 两点之间的电压 U_{AB} 为多少?

7. 如果测得电路中 D,E 两点间的电压 $U_{DE}=10$ V,且 E 点电位为 2 V,求 D 点的电位。

任务二　电阻器的识别与检测

【任务分析】

电阻器是电路中最常见、使用最广泛的电子元器件之一,在电子产品中无处不在。在实际应用中,应该正确选用电阻器。通过本任务的学习,能够认识常用电阻的外形种类,识读电阻参数,并利用万用表测量电阻参数并判定其质量好坏。

【知识准备】

一、电阻

在生活中,可以导电的物体非常多。导体能够导电,说明导体对电流的阻碍作用非常小,才会有电流经过导体。导体都有电阻,如白炽灯、烤火炉、铜芯线等。通常将导体对电流的阻碍作用称为导体电阻,用 R 表示,单位为欧[姆](Ω),其关系为 1 MΩ = 10^3 kΩ = 10^6 Ω。

二、电阻定律

导体电阻的大小不仅与导体材料有关,还与导体长度和横截面积有关,这种关系称为电阻定律,即

$$R = \rho \frac{L}{S}$$

式中　ρ——电阻率,由导体材料决定,$\Omega \cdot m$;

　　　L——长度,m;

S——横截面积,m^2。

三、电阻器的识别

1.电阻器主要参数

电阻器主要参数包括标称阻值、偏差及功率 3 个。通常通过电阻器的参数标注来识别。常见电阻器外形如图 2-8 所示。

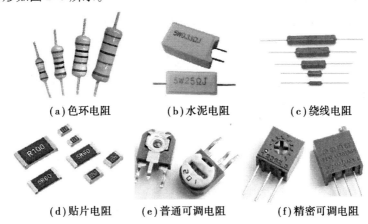

| (a)色环电阻 | (b)水泥电阻 | (c)绕线电阻 |
| (d)贴片电阻 | (e)普通可调电阻 | (f)精密可调电阻 |

图 2-8　常见电阻器外形

2.电阻器参数标注

电阻器参数标注方法、含义及实例说明见表 2-4。

表 2-4　电阻器参数标注方法、含义及实例说明

标注法	含　义	实例及说明
直标注	用数字直接将电阻值、误差等标注在电阻体上（用字母表示误差，F 为 ±1%，G 为 ±2%，J 为 ±5%，K 为 ±10%，M 为 ±20%）	510 kΩ ±5%，1 W 47 Ω ±10% 等。如下图所示，该电阻参数为 5 W,25 Ω ±5% SW25ΩJ
文字符号法	用数字和字母有规律地组合起来表示电阻器的电阻值和误差	5R1K,4K7J 等（分别表示 5.1 Ω ±5%,4.7 kΩ ±10%）
数码标注法	用 3 位数字表示电阻器的阻值,其中前两位为有效数字,第 3 位为倍率（即后边加 0 的个数）,单位为 Ω	103 103:表示阻值为 10 kΩ

续表

标注法	含　义	实例及说明
色环标注法	在电阻器表面上用色环表示电阻器的参数,分为四环标注法和五环标注法两种,五环标注法更精密(靠端头更近的一边为第1环) 　　①四环标注法:有4道颜色环,前两环为有效数字,第3环为倍率,单位为Ω,第4环为误差,如图(a)所示 　　②五环标注法:有5道颜色环,前3环为有效数字,第4环为倍率,第5环为误差;如图(b)所示 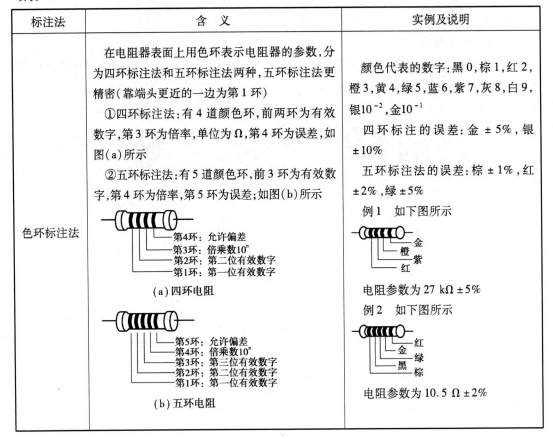	颜色代表的数字:黑0,棕1,红2,橙3,黄4,绿5,蓝6,紫7,灰8,白9,银10^{-2},金10^{-1} 　　四环标注的误差:金±5%,银±10% 　　五环标注法的误差:棕±1%,红±2%,绿±5% 　　例1　如下图所示 　　电阻参数为27 kΩ±5% 　　例2　如下图所示 　　电阻参数为10.5 Ω±2%

3.万用表测量电阻

万用表是电路调试及维修中最基本的工具,也是使用最广泛的仪表,可用来测量电阻、电压及电流等参数。万用表可分为指针式万用表和数字式万用表。MF-47型指针式万用表外形如图2-9(a)所示。这里以 MF-47 型指针式万用表为例介绍电阻测量方法。其具体方法如下:

①调零:进行机械调零,使指针指在左边∞刻度位置。

②电阻挡位分为 R×1 Ω,R×10 Ω,R×100 Ω,R×1 kΩ,R×10 kΩ 共5个挡位,因此,要选择合适挡位进行测量,然后将两支表笔短接进行电阻调零,使指针指在右边 0 刻度位置。

③将两支表笔接在电阻器两端进行测量。注意:手不要同时接触电阻器两端,否则测量的电阻值不准确。测量示意图如图 2-9(b)所示。

④电阻值:刻度盘上第一根刻度线为电阻读数刻度线,电阻值大小为电阻值 = 指针读数×挡位。例如,选择挡位为 R×10 Ω,指针读数如图 2-9(c)所示,读数约为 2.2,则电阻值为 22 Ω。

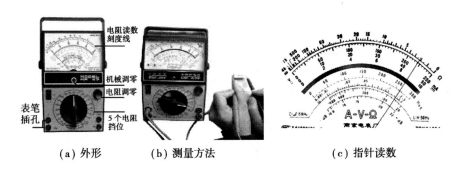

(a) 外形　　　　(b) 测量方法　　　　(c) 指针读数

图 2-9　万用表测量电阻

【任务实施】

根据分配的不同阻值的电阻,先利用电阻的几种标注方法识读电阻阻值,再利用万用表测量其电阻值,并将两种方法的数据结果记录在表 2-5 中。

表 2-5　数据结果记录

电　阻	标注方法及识读阻值	测量挡位	指针读数	测量阻值
R_1				
R_2				
R_3				
R_4				
R_5				
R_6				
R_7				
R_8				
R_9				
R_{10}				

【任务评价】

任务内容	任务要求	完成情况		
		能独立完成	能在老师指导下完成	不能完成
万用表使用	能对万用表进行机械调零,正确使用万用表			

续表

任务内容	任务要求	完成情况		
		能独立完成	能在老师指导下完成	不能完成
测量方法	能根据测量步骤测量电阻阻值			
识读方法	能够根据电阻标注方法识读电阻参数			
参数记录	能正确记录电阻阻值			
自我评价				
教师评价				
任务总评				

【知识拓展】

在生活、工业及军事领域中,电阻传感器可以将不同的物理现象(光、温度、湿度等)转换成电阻阻值的变化,常用于检测或控制电路中。常见的电阻传感器有光敏电阻、气敏电阻、湿敏电阻、压敏电阻及热敏电阻,见表2-6。

表2-6　常见电阻传感器

种　类	实物图	电路符号	特　点
光敏电阻		R_L(或R_G)	光敏电阻的阻值随着光线的强弱变化而变化,声光控路灯就采用了光敏电阻
气敏电阻		加热电极 测量电极　测量电极 加热电极 文字符号:R(或R_G)	气敏电阻是将检测到的气体的成分和浓度转换为电信号的传感器。气敏电阻可对不同的气体敏感,如对汽油敏感、对酒精敏感、对一氧化碳敏感等。它广泛用于酒精浓度检测设备、室内燃气报警设备、煤矿安全报警检测等设备中
湿敏电阻		R_S(或R)	湿敏电阻对环境湿度敏感,它吸收环境中的水分,把湿度的变化变成电阻值的变化。它主要用于空气湿度检测设备中

续表

种　类	实物图	电路符号	特　点
压敏电阻		R_v　U R_v	压敏电阻主要用于电路过压保护中。外加电压正常时,其电阻值很大,不起作用。当外加电压超过保护电压,它的电阻值迅速变小,使电流从自己身上流过,烧断保险,从而保护了电路。它主要用于电视机、电话机等
热敏电阻	MF72	R_t　t	热敏电阻是随着温度变化其电阻值有很大变化的一种电阻。分为正温度系数的热敏电阻和负温度系数的热敏电阻两种。它主要用于彩色电视机的消磁电路

【知识巩固】

1. 导体电阻的大小不仅与 _____ 有关,还与 _____ 和 _____ 有关。

2. 电阻器主要参数包括 _____、_____ 和 _____ 3 个参数。

3. 电阻参数标注方法通常分为 _____、_____、_____ 及 _____。

4. 某电阻参数标注为 472,其阻值为 _____;标注为 5K6J,其阻值为 _____。

5. 某五色环电阻颜色依次为红紫黑橙金,其阻值为 _____。

6. 简述利用万用表测量电阻值的基本方法。

任务三　简单直流电路的连接与测试分析

【任务分析】

直流电路在电子产品中运用广泛,通常要求分析电压、电流和电阻之间的关系。通过本任务的学习,能够认识电阻器串联、并联及混联电路的结构,熟记 3 种电路结构的特点;能够利用欧姆定律对直流电路进行简单的分析计算;能够借助万用表测量电路中的电压、电流。

【知识准备】

一、欧姆定律

1. 部分电路欧姆定律

①内容

电路中流过某电阻的电流与电阻两端的电压成正比,与其阻值成反比。

②公式

若电流与电压参考方向相同,则

$$I = \frac{U}{R}$$

若电流与电压参考方向相反,则

$$I = -\frac{U}{R}$$

③只适用于线性电路。

【做一做】

电路如图 2-10 所示,已知 $U = 12$ V,$R = 10$ Ω,计算流过电阻 R 的电流 I。

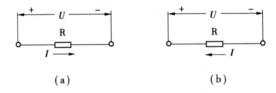

(a)   (b)

图 2-10 电路图

解 在图 2-10(a)中,由于电压与电流方向相同,根据欧姆定律可得

$$I = \frac{U}{R} = \frac{12 \text{ V}}{10 \text{ Ω}} = 1.2 \text{ A}$$

在图 2-10(b)中,由于电压与电流方向相反,根据欧姆定律可得

$$I = -\frac{U}{R} = -\frac{12 \text{ V}}{10 \text{ Ω}} = -1.2 \text{ A}$$

2. 全电路欧姆定律

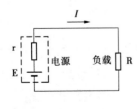

图 2-11 电路图

电源外部的电路称为外电路,电源内部的电路称为内电路,外电路和内电路组成的闭合回路称为全电路,电路如图 2-11 所示。全电路欧姆定律讨论的是电源电动势、电流、负载电阻及电源内阻之间的关系。

①内容

在闭合回路中,电流与电源电动势成正比,与回路的总电阻成反比。

②公式

$$I = \frac{E}{R + r}$$

式中　E——电源电动势；

　　　R——负载电阻；

　　　r——电源内阻；

　　　I——回路电流。

③电源内阻很小,因此短路时电流很大,会烧毁电源,甚至引起火灾。

【做一做】

电路如图 2-12 所示,已知 $E = 20$ V,$r = 2$ Ω,$R = 8$ Ω,计算回路中电流 I,U_R,U_r。

解　根据全电路欧姆定律可得

$$I = \frac{E}{R + r} = \frac{20\ \text{V}}{8\ \Omega + 2\ \Omega} = 2\ \text{A}$$

$$U_R = IR = 2\ \text{A} \times 8\ \Omega = 16\ \text{V}$$

$$U_r = Ir = 2\ \text{A} \times 2\ \Omega = 4\ \text{V}$$

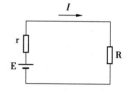

图 2-12　电路图

二、电阻连接方式

1. 电阻串联电路

把几个电阻依次连接成一串,组成无分支的电路,这种连接方式称为电阻串联电路。如图 2-13 所示电路为两个电阻组成的串联电路及等效电路。电阻串联电路特点见表 2-7。

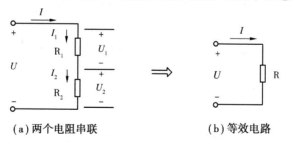

（a）两个电阻串联　　　　　　　　　（b）等效电路

图 2-13　电阻串联电路

表 2-7　电阻串联电路特点

序号	参数	特点	表达式
1	电流	电路无分支,电路中电流处处相等	$I = I_1 = I_2$ （多个电阻串联,则 $I_1 = I_2 = \cdots = I_n = I$）
2	电压	总电压等于各电阻上分电压之和	$U = U_1 + U_2$ （多个电阻串联,则 $U = U_1 + U_2 + \cdots + U_n$）

续表

序号	参　数	特　点	表达式
3	电阻	总电阻等于各分电阻之和	$R = R_1 + R_2$ （多个电阻串联，则 $R = R_1 + R_2 + \cdots + R_n$）
4	分压	电阻的阻值越大，分得的电压越高	电阻串联的分压公式为 $U_1 = \dfrac{R_1}{R_1 + R_2}U, U_2 = \dfrac{R_2}{R_1 + R_2}U$

利用电阻串联电路可制作成分压器，还可通过串联电阻限制电路中的电流。例如，收音机中的音量调节电位器，稳压电源中的电压调节等等。电阻分压器电路如图 2-14 所示。

【做一做】

图 2-14 所示电路为 3 个电阻组成的串联电路，若 $R_1 = R_2 = 500\ \Omega, R_P = 1\ \text{k}\Omega, U_{ab} = 10\ \text{V}$，试计算：

①a, b 之间的总电阻 R_{ab}。

②输出电压 U_o 的调节范围。

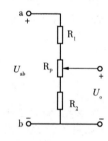

图 2-14　电阻分压器

解　①$R_{ab} = R_1 + R_P + R_2 = 500\ \Omega + 1\ 000\ \Omega + 500\ \Omega = 2\ 000\ \Omega$

②当 R_P 触点滑动到最上端时，输出电压最高，根据分压公式计算此时的输出电压大小为

$$U_{o1} = \frac{R_P + R_2}{R_1 + R_P + R_2} \times U_{ab} = \frac{1\ 000\ \Omega + 500\ \Omega}{500\ \Omega + 1\ 000\ \Omega + 500\ \Omega} \times 10\ \text{V} = 7.5\ \text{V}$$

当 R_P 触点滑动到最下端时，输出电压最低，根据分压公式计算此时的输出电压大小为

$$U_{o1} = \frac{R_2}{R_1 + R_P + R_2} \times U_{ab} = \frac{500\ \Omega}{500\ \Omega + 1\ 000\ \Omega + 500\ \Omega} \times 10\ \text{V} = 2.5\ \text{V}$$

因此，输出电压 U_o 的调节范围为 2.5 ~ 7.5 V。

2. 电阻并联电路

把几个电阻连接到两点之间，使每个电阻两端承受同一个电压，这种连接方式称为电阻并联电路。图 2-15 所示电路为两个电阻组成的并联电路及等效电路。电阻并联电路特点见表 2-8。

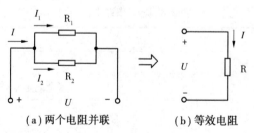

（a）两个电阻并联　　　　　（b）等效电阻

图 2-15　电阻并联电路

表2-8 电阻并联电路特点

序号	参数	特 点	表达式
1	电流	并联电路中总电流等于各支路分电流之和	$I = I_1 + I_2$ （多个电阻并联，则 $I = I_1 + I_2 + \cdots + I_n$）
2	电压	并联电路各个电阻上的电压相等	$U_1 = U_2 = U$ （多个电阻并联，则 $U_1 = U_2 = \cdots = U_n = U$）
3	电阻	并联电路中，总电阻的倒数等于各分电阻的倒数之和	两个电阻并联，则 $\dfrac{1}{R} = \dfrac{1}{R_1} + \dfrac{1}{R_2}$ $\left(\text{即 } R = \dfrac{R_1 R_2}{R_1 + R_2}；若 R_1 = R_2，则 R = \dfrac{R_1}{2}\right)$ 多个电阻并联，则 $\dfrac{1}{R} = \dfrac{1}{R_1} + \dfrac{1}{R_2} + \cdots + \dfrac{1}{R_n}$ $\left(\text{若 } R_1 = R_2 = \cdots = R_n，则 R = \dfrac{R_1}{n}\right)$
4	分流	电阻的阻值越大，分得的电流越小	电阻并联的分流公式 $I_1 = \dfrac{R_2}{R_1 + R_2} I，I_2 = \dfrac{R_1}{R_1 + R_2} I$

电阻并联电路在实际中应用非常广泛，如家用照明电路的各种家用电器通常是并联供电，家用电器的额定电压为 220 V，提供的供电电压也是 220 V，只能将各种家用电器并联到供电线路中才能保证家用电器正常工作。另外，电阻并联电路还应用于电路中分流、扩大电流表量程等。

【做一做】

电路如图2-16所示，如果 $R_1 = 3\ \Omega$，$R_2 = 6\ \Omega$，总电流 $I = 12$ A，试求：

①电路的总电阻 R。

②电流 I_1，I_2。

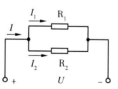

图2-16 电路图

解 ①根据电阻并联电路的特点可知，总电阻为

$$R = \frac{R_1 R_2}{R_1 + R_2} = \frac{3\ \Omega \times 6\ \Omega}{3\ \Omega + 6\ \Omega} = 2\ \Omega$$

②根据电阻并联分流公式可得

$$I_1 = \frac{R_2}{R_1 + R_2} \times I = \frac{6\ \Omega}{3\ \Omega + 6\ \Omega} \times 12\ \text{A} = 8\ \text{A}$$

$$I_2 = \frac{R_1}{R_1 + R_2} \times I = \frac{3\ \Omega}{3\ \Omega + 6\ \Omega} \times 12\ \text{A} = 4\ \text{A}$$

3. 电阻混联电路

既有电阻串联,又有电阻并联的电路称为电阻混联电路。混联电路的分析计算,需借助电阻串联、电阻并联电路的分析方法,对电路进行化简计算。如图 2-17 所示为 3 个电阻组成的混联电路。

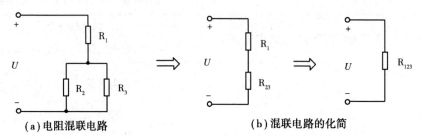

(a) 电阻混联电路　　　　　　　(b) 混联电路的化简

图 2-17　电阻混联电路

分析电阻混联电路可分为以下 3 个步骤:

①确定等电位点,对等电位点标出相应的符号。

②根据电阻串联、并联的关系,逐步化简,求出总电阻。

③利用欧姆定律,求出电压、电流。

【做一做】

电路如图 2-18 所示,已知电阻 $R_1 = 5\ \Omega$, $R_2 = R_3 = 10\ \Omega$,总电压 $U = 20$ V,试求:

①电路总的等效电阻 R。

②流过 R_1, R_2, R_3 的电流。

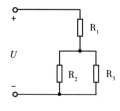

图 2-18　电路图

解　①采用逐步化简的方法,R_2 与 R_3 并联(等效电阻用 R_{23} 表示),则

$$R_{23} = R_2 \mathbin{/\!/} R_3 = \frac{R_2 R_3}{R_2 + R_3} = \frac{10\ \Omega \times 10\ \Omega}{10\ \Omega + 10\ \Omega} = 5\ \Omega$$

R_1 与 R_{23} 串联,总电阻为

$$R = R_1 + R_{23} = 10\ \Omega$$

②根据欧姆定律可得

$$I_1 = \frac{U}{R} = \frac{20\ \text{V}}{10\ \Omega} = 2\ \text{A}$$

根据分流公式可得

$$I_2 = \frac{R_3}{R_2 + R_3} \times I_1 = \frac{10\ \Omega}{10\ \Omega + 10\ \Omega} \times 2\ \text{A} = 1\ \text{A}$$

由于 R_2 和 R_3 并联,故可得

$$I_3 = I_1 - I_2 = 2\ \text{A} - 1\ \text{A} = 1\ \text{A}$$

【任务实施】

1. 根据如图 2-19 所示的电路图连接好电路。
2. 闭合开关，电路工作，灯泡正常发光。
3. 利用万用表测量电压、电流，通过计算求电阻并将测量数据及计算结果记录在表 2-9 中。

表 2-9 数据记录表

步　骤	数据记录
①测量电流 I	
②测量灯泡两端电压 U_{KT}	
③测量电阻两端电压 U_R	
④根据测量 U_R 和电流 I，计算电阻 R	
⑤分析电源电压 U 与 U_{KT}，U_R 之间的关系	

A. 测量电流

利用万用表的直流电流挡位测量电路中的电流，示意图如图 2-20 所示。

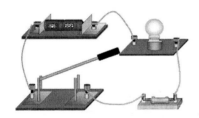 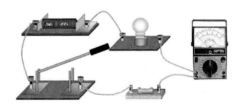

图 2-19　电路实物图　　　　图 2-20　电流测量实物图

B. 测量电压

a. 将开关闭合，测量灯泡两端电压，示意图如图 2-21 所示。

b. 将开关闭合，测量电阻两端电压，示意图如图 2-22 所示。

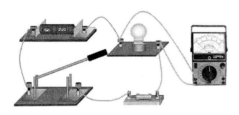 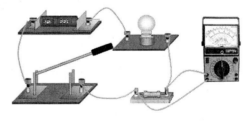

图 2-21　灯泡两端电压测量实物图　　　　图 2-22　电阻两端电压测量实物图

④思考如果电路灯泡不发光，采用什么方法检修电路。

【任务评价】

任务内容	任务要求	完成情况		
		能独立完成	能在老师指导下完成	不能完成
万用表使用	能正确使用万用表测量电流、电压			
测量方法	能根据测量步骤测量电流、电压			
参数记录	能正确记录测量的电压、电流			
数据分析	能够根据测量值计算电阻阻值,能分析电源电压 U 与 $U_{灯}$,U_R 的关系			
自我评价				
教师评价				
任务总评				

【知识拓展】

王师傅是一位家用电器产品维修师傅,在修理电视机时,发现焊接工具电烙铁热量不够,无法焊接元器件,不知是什么原因造成的。电烙铁的发热体是一个绕线电阻丝,其外形及等效电路如图 2-23 所示。根

图 2-23 电烙铁外形及等效电路图

据所学电工知识得知,电烙铁工作电压为 220 V,电流为 95 mA。电烙铁发热必须满足以上的电压和电流条件。

利用万用表测量工作电压为 220 V,电压正常。用万用表欧姆挡测量发热体两端电阻,阻值为 5.1 kΩ,根据欧姆定律公式可知,$I = \dfrac{U}{R} = \dfrac{220 \text{ V}}{5.1 \text{ kΩ}} = 43 \text{ mA}$,由于 43 mA < 95 mA,原因是发热电阻丝老化,导致阻值变大,造成了发热温度不高。

【知识巩固】

1. 简述电阻串联电路的特点。

2. 简述电阻并联电路的特点。

3. 已知 $R_1 = 200\ \Omega$, $R_2 = 50\ \Omega$, 将两个电阻串联后总阻值 R 为_____, 并联后总阻值 R 为_____。

4. 电路如图 2-24 所示, 求 R_{AB}。

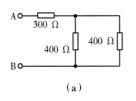
(a)

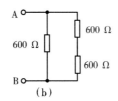
(b)

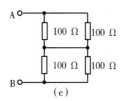
(c)

图 2-24　电路图

5. 电路如图 2-25 所示, 电源电动势 $E = 24\ V$, 电源内阻 $r = 1\ \Omega$, 电阻 $R = 11\ \Omega$, 试求:

①流过电阻 R 的电流为多少?

②内阻 r 和电阻 R 上的电压各为多少?

图 2-25　电路图

任务四　复杂直流电路的测试分析

【任务分析】

电路中有简单的直流电路, 也有复杂的直流电路, 对于简单直流电路, 可利用欧姆定律及电阻串并联特点进行分析; 对于复杂的直流电路, 需利用基尔霍夫定律进行分析。通过本任务的学习, 能理解基尔霍夫定律的含义, 并能够利用基尔霍夫定律对复杂直流电路进行分析计算。

【知识准备】

一、电位的计算与分析

人们所住的房屋楼层有高度, 这个高度要先确定一个计算高度的起点。例如, 一栋高楼有 50 m, 这个高度是根据地平面开始计算。在电路中的每一个电位的计算与计算房屋高度一样, 需要确定一个起点, 这个起点称为参考点。为了方便分析计算, 通常将大地作为参考点, 大地的电位为 0 V。

某点的电位等于从该点出发, 通过一条路径绕到参考点, 该路径上的全部电压代数和就是该点的电位。计算电位分为以下 3 个步骤:

①确定参考点。

②确定电流方向及元件两端电压的正负。

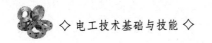

③从该点出发,绕到参考点,该点电位等于路径上全部电压代数和。

【做一做】

电路如图 2-26 所示,已知 $R_1 = 10\ \Omega$, $R_2 = 5\ \Omega$, $R_3 = 20\ \Omega$, $R_4 = 25\ \Omega$, $E = 12\ \text{V}$,求 A,B 两点的电位。

解 ①选择 C 点为参考点,根据欧姆定律可知,回路中电流为

$$I = \frac{E}{R_1 + R_2 + R_3 + R_4} = \frac{12\ \text{V}}{10\ \Omega + 5\ \Omega + 20\ \Omega + 25\ \Omega} = 0.2\ \text{A}$$

$$V_A = IR_1 + IR_4 = 0.2\ \text{A} \times 10\ \Omega + 0.2\ \text{A} \times 25\ \Omega = 2\ \text{V} + 5\ \text{V} = 7\ \text{V}$$

$$V_B = -IR_2 + E = -0.2\ \text{A} \times 5\ \Omega + 12\ \text{V} = 13\ \text{V}$$

②若选择 D 点为参考点,则

$$V_A = IR_1 = 0.2\ \text{A} \times 10\ \Omega = 2\ \text{V}$$

$$V_B = IR_3 + IR_1 = 0.2\ \text{A} \times 20\ \Omega + 0.2\ \text{A} \times 10\ \Omega = 6\ \text{V}$$

根据上面例子可知,电位的大小随参考点的改变而改变,与选择的路径无关。

二、支路、回路、节点、网孔概念

一个电路不能用电阻串联、并联进行化简分析,这个电路称为复杂电路,如图 2-27 所示。复杂电路可用基尔霍夫定律分析。学习该定律前先介绍下面几个名称。

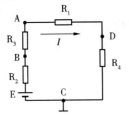

图 2-26　电路图

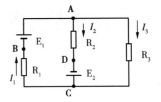

图 2-27　电路图

1. 支路

由一个或几个元件首尾相连接组成无分支的电路称为支路。在同一个支路里,电流处处相等。如图 2-28 所示,E_1,R_1 构成一条支路,R_2,E_2 构成一条支路,R_3 构成一条支路,共 3 条支路。

2. 回路

电路中任意一个闭合回路称为回路。如图 2-28 所示,ABCDA 是一个回路,ADCA 是一个回路,ABCA 是一个回路,共 3 个回路。

3. 节点

3 条或 3 条以上支路的连接点称为节点。如图 2-28 所示,A 是一个节点,B 是一个节点。

4. 网孔

不能再分的回路称为网孔。如图 2-28 所示,ABCDA 是一个网孔,ADCA 是一个网孔。

三、基尔霍夫第一定律

1. 内容

基尔霍夫第一定律也称节点电流定律(KCL 定律)。对电路中任意一个节点,流进该节

点的电流之和等于流出该节点的电流之和。如图 2-28 所示,表达式为

$$I_1 = I_2 + I_3$$

如果规定流入节点的电流为正,流出节点的电流为负,则基尔霍夫第一定律还可写为

$$\sum I = 0$$

也就是说,对于电路中任意一个节点,电流代数和等于 0。

2. 说明

①标出的电流方向为参考方向。若计算结果为正值,表明电流实际方向与参考方向相同;若计算结果为负值,表明电流实际方向与参考方向相反。

②如果电路的总节点数为 n,则列出的独立节点电流方程为 $(n-1)$ 个。

四、基尔霍夫第二定律

1. 内容

基尔霍夫第二定律也称回路电压定律(KVL 定律),对电路中的任意一个闭合回路,沿闭合回路绕行一周,各电压的代数和等于零。其表达式为

$$\sum U = 0$$

如图 2-28 所示,对于 ABCDA 回路,$U_{AB} + U_{BC} + U_{CD} + U_{DA} = 0$;对于 ADCA 回路,$U_{AD} + U_{DC} + U_{CA} = 0$。

2. 说明

①对于电阻,若电流方向与绕行方向相同,则电压为正;相反则电压为负。

②对于电源,若绕行方向先遇到电源的正极,则取正;相反则取负。

③列出的回路电压方程个数等于电路中的网孔个数。

【做一做】

电路如图 2-28 所示,已知 $E_1 = 20$ V,$E_2 = 30$ V,$R_1 = 10$ Ω,$R_2 = 20$ Ω,$R_3 = 50$ Ω。求:

①写出 A,C 两个节点的电流方程。

②写出网孔的回路电压方程。

解 ①首先假设电路中的 I_1,I_2,I_3 的电流参考方向,如图 2-29 所示。

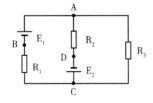

图 2-28 电路图

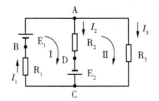

图 2-29 电路图

②根据基尔霍夫第一定律可知,对于节点 A 列出节点电流方程为

$$I_1 = I_2 + I_3$$

对于节点 C 出节点电流方程为

$$I_1 = I_2 + I_3$$

实际上,这两个方程是相同的,因此,对于两个节点的电路,只有一个节点电流方程。

③在网孔中标出绕行方向,如图 2-30 所示,列出回路电压方程。

根据基尔霍夫第二定律可知,对于网孔 I 回路电压方程为

$$I_2R_2 - E_2 + I_1R_1 - E_1 = 0$$

对于网孔 II 回路电压方程为

$$I_3R_3 + E_2 - I_2R_2 = 0$$

④将节点电流方程和回路电压方程组合成方程组,即

$$\begin{cases} I_1 = I_2 + I_3 \\ I_2R_2 - E_2 + I_1R_1 - E_1 = 0 \\ I_3R_3 + E_2 - I_2R_2 = 0 \end{cases}$$

代入数据,就可以解方程组,求出电流 I_1, I_2, I_3。

【知识拓展】

一、叠加原理

1. 内容

由电阻和多个电源组成的线性电路中,任何一个支路中的电流或电压等于各个电源单独作用时,在该支路中所产生的电流或电压的代数和。

2. 应用

应用步骤如下:

①分别作出一个电源单独作用,其余电源不作用,只保留其内阻的电路图。

②分别计算出一个电源单独作用时,每条支路中电流的大小和方向。

③求出各个电源在各个支路中产生的电流代数和,这些电流就是各个电源共同作用时在各个支路中产生的电流。

【做一做】

如图 2-30 所示,已知 $E_1 = 10$ V,$E_2 = 26$ V,$R_1 = 5 \ \Omega$,$R_2 = 10 \ \Omega$,$R_3 = 10 \ \Omega$,用叠加原理求各支路的电流。

解 ①当 E_1 单独作用时,电路如图 2-31 所示,则

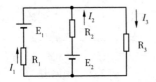

图 2-30 电路图

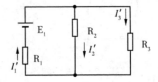

图 2-31 E_1 单独作用电路图

$$I_1' = \cfrac{E_1}{R_1 + \cfrac{R_2R_3}{R_2 + R_3}} = 1 \text{ A}$$

$$I_2' = \frac{R_3}{R_2 + R_3} \cdot I_1' = 0.5 \text{ A}$$

$$I_3' = I_1' - I_2' = 0.5 \text{ A}$$

②当 E_2 单独作用时,电路如图 2-32 所示,则

$$I_2'' = \frac{E_2}{R_2 + \dfrac{R_1 R_3}{R_1 + R_3}} = 1.95 \text{ A}$$

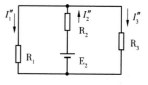

$$I_1'' = \frac{R_3}{R_1 + R_3} \cdot I_2'' = 1.3 \text{ A}$$

$$I_3'' = I_2'' - I_1'' = 0.65 \text{ A}$$

图 2-32 E_2 单独作用电路图

③将各个支路的电流叠加起来,即

$$I_1 = I_1' - I_1'' = -0.3 \text{ A}$$

$$I_2 = -I_2' + I_2'' = 1.45 \text{ A}$$

$$I_3 = I_3' + I_3'' = 1.15 \text{ A}$$

上式中,$I_1 = -0.3$ A 表明图 2-30 中电流 I_1 的实际方向与参考方向相反(即电流方向向下)。

二、戴维宁原理

1. 二端网络

内部不含电源的二端网络,称为无源二端网络;内部包含电源的二端网络,称为有源二端网络。

2. 内容

对于外部电路,线性有源二端网络可用一个实际电源代替,该电源的电动势 E 等于原二端网络两点间的开路电压 U_{ab},该电源的内阻 r 等于原来二端网络除去电源后两端间的等效电阻 R_{AB},电路如图 2-33 所示。

图 2-33 电路图

3. 应用

应用步骤如下:

①把电路分解为待求支路和有源二端网络两部分。

②求出有源二端网络的开路电压 U_{ab},则等效电源电动势 $E = U_{ab}$。

③把网络里的电源去除,只保留电源内阻,求出网络两端的等效电阻 R_{AB}。

④画出有源二端网络的等效电路,并与待求支路相连接,根据欧姆定律求出待求支路的电流。

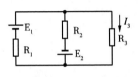

图 2-34　电路图

【做一做】

电路如图 2-34 所示,已知 $E_1 = 20$ V, $E_2 = 30$ V, $R_1 = 10$ Ω,
$R_2 = 10$ Ω, $R_3 = 20$ Ω,用戴维宁原理求电流 I_3。

解　①将原电路中的 R_3 支路断开,得到有源二端网络及其等效电源,如图 2-35 所示。

②求等效电压源电压:假设回路的绕行方向与回路电流方向一致,则

$$IR_2 - E_2 + IR_1 - E_1 = 0$$

整理后可得

$$I = \frac{E_1 + E_2}{R_1 + R_2} = \frac{(20 + 30)\,V}{(10 + 10)\,Ω} = 2.5\,A$$

$$E = U_{AB} = E_1 - IR_1 = 20\,V - 2.5\,A \times 10\,Ω = -5\,V$$

③求等效电源的内阻,则

$$r = R_{AB} = \frac{R_1 R_2}{R_1 + R_2} = \frac{10\,Ω \times 10\,Ω}{10\,Ω + 10\,Ω} = 5\,Ω$$

④将等效电源与 R_3 连接,如图 2-36 所示。根据全电路的欧姆定律可知,有

$$I_3 = \frac{E}{r + R_3} = \frac{-5\,V}{5\,Ω + 20\,Ω} = -0.2\,A$$

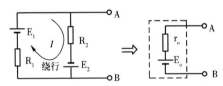

图 2-35　等效电路

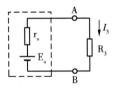

图 2-36　电路图

三、电源模型

1. 电压源

为电路提供一定电压的电源可用电压源来表示,如果电源的内阻为零,电源就是可以输出恒定电压的电压源,称为理想电压源。因此理想电压源具有两个特点:一是电压恒定不变;二是通过它的电流是任意的,大小取决于外部负载的大小。等效电路如图 2-37 所示。

理想电压源中,输出电压等于电源电动势,即

$$U = E$$

为了方便分析电路就引入了理想电压源的概念。理想电压源在生活中基本不存在,如电池、稳压电源可看成由理想电压源 E 和内阻 r 串联起来表示的电源。当实际电压源向负载供电时,输出电压为 $U = E - Ir$,如图 2-38 所示。

2. 电流源

为电路提供一定电流的电源可用电流源来表示,如果电源的内阻为无穷大,电源就是可以输出恒定电流的电流源,称为理想电流源,用 I_S 表示。其电路如图 2-39 所示。

图 2-37 理想电压源

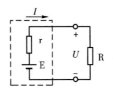

图 2-38 实际电压源

与理想电压源一样,理想电流源在实际中也是不存在的。实际电流源可看成是理想电流源并联一个内阻 r 来表示的电源。由于实际电流源内阻 r 要分一部分电流 I_0,因此,向负载提供电流时,输出电流为 $I = I_S - I_0$。其电路如图 2-40 所示。

图 2-39 理想电流源

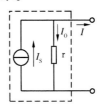

图 2-40 实际电流源

【任务实施】

1. 根据如图 2-41 所示电路连接实物图。

2. 检查无误后,利用万用表测量 I_1,I_2,I_3,并将测量结果记录在表 2-10 中。

3. 利用万用表测量电压 U_{ad},U_{de},U_{cb},U_{ba},U_{ae},U_{ec},U_{cd},U_{da},并将测量结果记录在表 2-10 中。

4. 根据所学理论知识,计算 I_1,I_2,I_3 的值,并与测量值对比,是否一致?

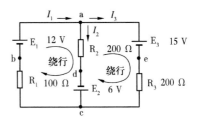

图 2-41 电路图

表 2-10 参数记录

测试项目	参数记录							
电流	I_1	I_2	I_3					
电压	U_{ad}	U_{de}	U_{cb}	U_{ba}	U_{ae}	U_{ec}	U_{cd}	U_{da}

5. 根据测量数据,分析 I_1,I_2,I_3 之间的关系,分析 U_{ad},U_{de},U_{cb},U_{ba} 之间的关系,以及 U_{ae},U_{ec},U_{cd},U_{da} 之间的关系。

【任务评价】

任务内容	任务要求	完成情况		
		能独立完成	能在老师指导下完成	不能完成
万用表使用	能正确使用万用表测量电流、电压			
测量方法	能根据测量步骤测量电流、电压			
参数记录	能正确记录测量的电压、电流			
数据分析	能够分析电流之间的关系以及电压之间的关系			
自我评价				
教师评价				
任务总评				

【知识巩固】

1. 简述基尔霍夫第一定律和基尔霍夫第二定律的内容。

2. 在某电路中,测得电路中 A,B 两点间的电压 $U_{AB} = 18$ V,B 点电位为 3 V,求 A 点电位。

3. 电路如图 2-42 所示,求 B 点的电位。

4. 电路如图 2-43 所示,$E_1 = 15$ V,$E_2 = 10$ V,$R_1 = 15$ Ω,$R_2 = 30$ Ω,$R_3 = 10$ Ω,试列出 A 点的电流方程和网孔电压方程。

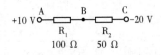

图 2-42　电路图

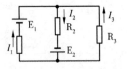

图 2-43　电路图

5. 简述理想电压源及理想电流源的含义。

任务五 MF-47 型万用表的组装与调试

【任务分析】

万用表是一种多功能、多量程的便携式电工仪表。一般的万用表可测量直流电流、交直流电压和电阻,有些万用表还可测量电容、功率、晶体管共射极直流放大系数 h_{FE} 等。常用的 MF-47 型万用表具有 26 个基本量程和电平、电容、电感、晶体管直流参数等 7 个附加参考量程,是一种量程多、分挡细、灵敏度高、体形轻巧、性能稳定、过载保护可靠、读数清晰、使用方便的新型万用表。

万用表是电工必备的仪表之一,每个电气工作者都应该熟练掌握其工作原理及使用方法。通过本任务万用表的组装与调试实习,要求学生能理解万用表的工作原理,掌握锡焊技术的工艺要领及万用表的使用与调试方法。

【知识准备】

电子与机械是密不可分的,在万用表的组装中还可以了解电子产品的机械结构、机械原理,这对将来的产品设计开发是非常有帮助的。万用表是最常用的电工仪表之一,通过这次实习,学生应该在了解其基本工作原理的基础上学会安装、调试、使用,并学会排除一些万用表的常见故障。锡焊技术是电工的基本操作技能之一,通过实习要求大家在初步掌握这一技能的同时,注意培养自己在工作中耐心细致、一丝不苟的工作作风。

一、万用表简介

1. 万用表的种类

万用表分为指针式(也称模拟式)、数字式两种,如图 2-44 所示。随着技术的发展,人们研制出微机控制的虚拟式万用表,如图 2-45 所示。被测物体的物理量通过非电量/电量,将温度等非电量转换成电量,再通过 A/D 转换,由微机显示或输送给控制中心,控制中心通过信号比较作出判断,发出控制信号或者通过 D/A 转换来控制被测物体。

2. 指针式万用表的特点

MF-47 型万用表采用高灵敏度的磁电式表头,造型大方,设计紧凑,结构牢固,携带方便,零部件均选用优良材料及工艺处理,具有良好的电气性能和机械强度。其特点如下:

①测量机构采用高灵敏度表头,性能稳定。

②线路部分保证可靠、耐磨、维修方便。

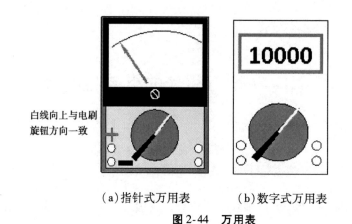

（a）指针式万用表　　　（b）数字式万用表

图 2-44　万用表

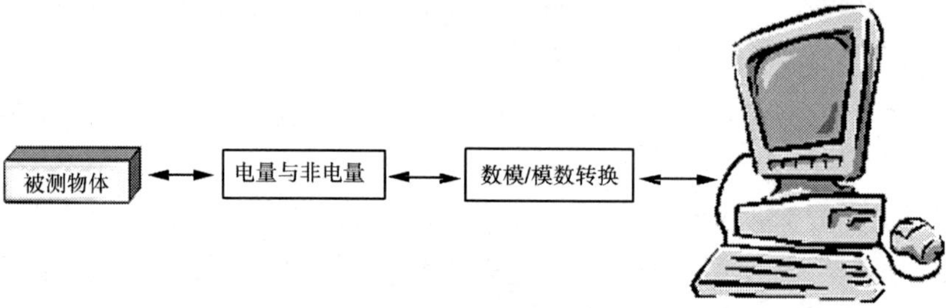

白线向上与电刷
旋钮方向一致

被测物体 ⟷ 电量与非电量 ⟷ 数模/模数转换 ⟷

图 2-45　微机控制的虚拟式万用表

③测量机构采用硅二极管保护，保证过载时不损坏表头，并且线路设有 0.5 A 保险丝以防止误用时烧坏电路。

④设计上考虑了湿度和频率补偿。

⑤低电阻挡选用 2# 干电池，容量大、寿命长。

⑥配有晶体管静态直流放大系数检测装置。

⑦表盘标度尺刻度线与挡位开关旋钮指示盘均为红、绿、黑 3 色，分别按交流红色，晶体管绿色，其余黑色对应制成，共有 7 条专用刻度线，刻度分开，便于读数；配有反光铝膜，消除视差，提高了读数精度。

⑧除交直流 2 500 V 和直流 5 A 分别有单独的插座外，其余只需转动一个选择开关，使用方便。

⑨装有提把，不仅便于携带，而且可在必要时作倾斜支撑，便于读数。

3. 指针式万用表的结构

指针式万用表的型号很多，但基本结构是类似的，目前主要使用 MF-47 型。指针式万用表的结构主要由机械部分、显示部分和电器部分 3 大部分组成，机械部分由外壳、挡位开关旋钮及电刷等部分组成；显示部分是表头；电气部分由测量线路板、电位器、电阻、二极管、电容等部分组成，如图 2-46 所示。

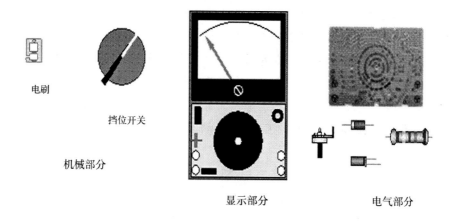

电刷

挡位开关

机械部分

显示部分

电气部分

图 2-46　MF-47 型万用表的结构

表头是万用表的测量显示装置,指针式万用表采用控制显示面板 + 表头一体化结构;挡位开关用来选择被测电量的种类和量程;测量线路板将不同性质和大小的被测电量转换为表头所能接受的直流电流。万用表可测量直流电流、直流电压、交流电压和电阻等多种电量。当转换开关拨到直流电流挡,可分别与 5 个接触点接通,用于测量 500 mA,50 mA,5 mA,500 μA,50 μA 量程的直流电流。同样,当转换开关拨到欧姆挡,可分别测量 ×1 Ω,×10 Ω、×100 Ω、×1 kΩ、×10 kΩ 量程的电阻;当转换开关拨到直流电压挡,可分别测量 0.25,1,2.5,10,50,250,500,1 000 V 量程的直流电压;当转换开关拨到交流电压挡,可分别测量 10,50,250,500,1 000 V 量程的交流电压。

二、万用表的工作原理

1. 指针式万用表的测量原理

指针式万用表由表头、电阻测量挡、电流测量挡、直流电压测量挡和交流电压测量挡几个部分组成,如图 2-47 所示,其中" – "为黑表棒插孔," + "为红表棒插孔。

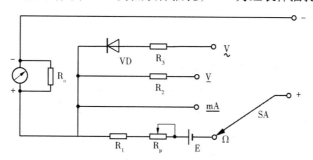

图 2-47　指针式万用表的测量原理图

测电压和电流时,外部有电流通入表头,因此无须内接电池。

当把挡位开关旋钮 SA 打到交流电压挡时,通过二极管 VD 整流,电阻 R_3 限流,测量结果由表头显示出来。

当打到直流电压挡时无须二极管整流,仅需电阻 R_2 限流,表头即可显示测量结果。

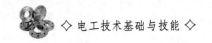

打到直流电流挡时既无须二极管整流,也无须电阻 R_2 限流,表头即可显示测量结果。

测电阻时将转换开关 SA 拨到"Ω"挡,这时外部没有电流通入,因此必须使用内部电池作为电源,设外接的被测电阻为 R_X,表内的总电阻为 R,形成的电流为 I,由 R_X、电池 E、可调电位器 R_P、固定电阻 R_1 和表头部分组成闭合电路,形成的电流 I 使表头的指针偏转。红表棒与电池的负极相连,通过电池的正极与电位器 R_P 及固定电阻 R_1 相连,经过表头接到黑表棒与被测电阻 R_X 形成回路产生电流使表头显示测量结果。

2. MF-47 型万用表的工作原理

本任务中要安装的 MF-47 型万用表,电路原理图如图 2-48 所示。它的显示表头是一个直流 μA 表,WH2 是电位器,用于调节表头回路中的电流大小,D_3、D_4 两个二极管反向并联并与电容并联,用于保护限制表头两端的电压,起保护表头的作用,使表头不致因电压、电流过大而烧坏。电阻挡分为 ×1 Ω、×10 Ω、×100 Ω、×1 kΩ、×10 kΩ 几个量程,当转换开关打到某一个量程时,与某一个电阻形成回路,使表头偏转,测出阻值的大小。

MF-47 型万用表由 6 个部分组成,即公共显示部分、保护电路部分、直流电流部分、直流电压部分、交流电压部分和电阻部分。线路板上每个挡位的分布如图 2-49 所示,上面为交流电压挡,左边为直流电压挡,下面为直流 mA 挡,右边是电阻挡。

3. MF-47 型万用表电阻挡工作原理

MF-47 型万用表电阻挡工作原理如图 2-50 所示,电阻挡分为 ×1 Ω、×10 Ω、×100 Ω、×1 kΩ、×10 kΩ 这 5 个量程。例如,将挡位开关旋钮打到 ×1 Ω 时,外接被测电阻通过" – COM"端与公共显示部分相连;通过" + "经过 0.5 A 熔断器接到电池,再经过电刷旋钮与 R_{18} 相连,WH1 为电阻挡公用调零电位器,最后与公共显示部分形成回路,使表头偏转,测出阻值的大小。

【任务实施】

一、清点材料

在装配前,参考材料配套清单清点材料,并注意:

①按材料清单一一对应,记清每个元件的名称与外形。

②打开时请小心,不要将塑料袋撕破,以免材料丢失。

③清点材料时请将表箱后盖当容器,将所有的东西都放在里面。

④清点完后请将材料放回塑料袋备用。

⑤暂时不用的请放在塑料袋里。

⑥弹簧和钢珠一定不要丢失。

二、认识二极管、电容、电阻

在安装前要求每个学生学会辨别二极管、电容及电阻的不同形状,并学会分辨元件的大小与极性。

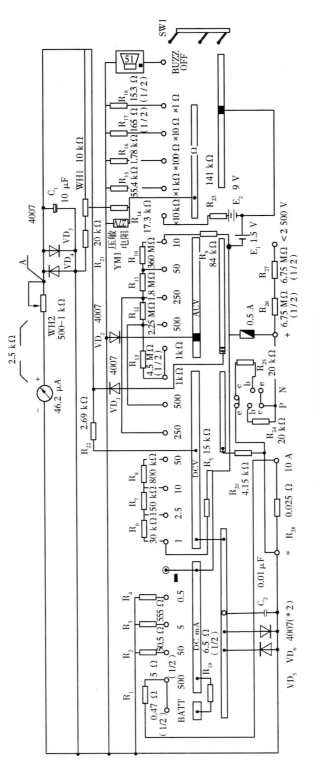

图2-48 MF-47型万用表电路原理图

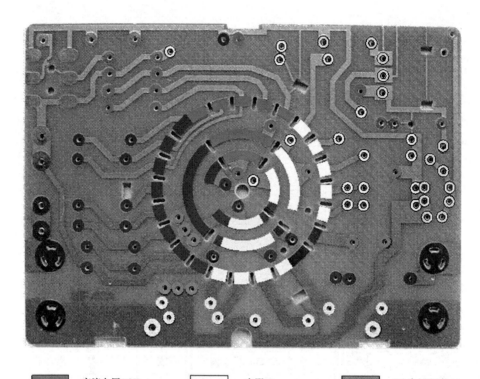

| 交流电压ACV | | 电阻Ω | | 47A专用电路 |
| 直流电压DCV | | 直流电流DCA | | 表头公用 |

图 2-49　电路板外形及挡位分布

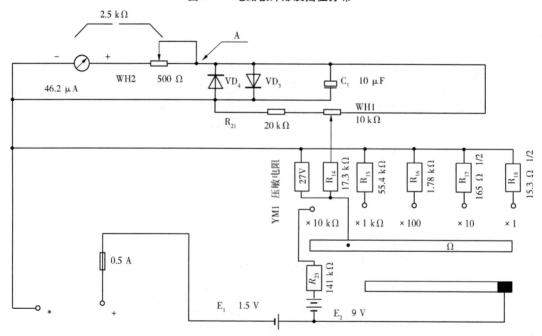

图 2-50　电阻挡工作原理

1. 二极管极性的判断

可借助万用表来进行二极管极性的判断,具体方法如图 2-51 所示。

2. 电解电容极性的判断

注意观察在电解电容侧面有"－",是负极,如果电解电容上没有标明正负极,也可根据它引脚的长短来判断,长脚为正极,短脚为负极,如图 2-52 所示。

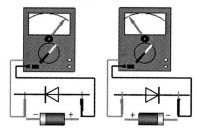

图 2-51　二极管极性检测示意图

图 2-52　判断电解电容极性

如果已经把引脚剪短,并且电容上没有标明正负极,那么可用万用表来判断。判断的方法是正接时漏电流小(阻值大),反接时漏电流大。

3. 色环电阻的认识

从材料袋中取出一电阻,注意别的东西不要丢失,封好塑料袋的封口。仔细观察看它有几条色环,一般蓝电阻或绿电阻有 5 条色环,其中有一条色环与别的色环间相距较大,且色环较粗,读数时应将其放在右边。

【试一试】

请同学练习试读五环电阻,对照材料配套清单,检查读出的阻值是否正确。

【友情提示】

1. 从前面的学习可知,金色和银色只能是乘数和允许误差,一定放在右边。

2. 表示允许误差的色环比别的色环稍宽,离别的色环稍远。

3. 本次任务中使用的电阻大多数允许误差是 ±1% 的,用棕色色环表示,因此,棕色一般都在最右边。

三、焊接前的准备工作

1. 清除元件表面的氧化层

元件经过长期存放,会在元件表面形成氧化层,不但使元件难以焊接,而且影响焊接质量,因此当元件表面存在氧化层时,应首先清除元件表面的氧化层。注意用力不能过猛,以免使元件引脚受伤或折断。

清除元件表面的氧化层的方法:左手捏住电阻或其他元件的本体,右手用锯条轻刮元件引脚的表面,左手慢慢地转动,直到表面氧化层全部去除。为了使电池夹易于焊接要用尖嘴钳前端的齿口部分将电池夹的焊接点锉毛,去除氧化层。

2. 元件引脚的弯制成型

左手用镊子紧靠电阻的本体,夹紧元件的引脚,使引脚的弯折处距离元件的本体有 2 mm 以上的间隙。左手夹紧镊子,右手食指将引脚弯成直角。注意:不能用左手捏住元件本体,右手紧贴元件本体进行弯制,如果这样引脚的根部在弯制过程中容易受力而损坏,元件弯制后的形状、引脚之间的距离应根据线路板孔距而定。

【想一想】

电阻为什么用色环表示,而不直接用数字表示?

电阻的阻值标注有色标法和直标法两种,色标法就是用色环表示阻值,它在元件弯制时不必考虑阻值所标的位置。当元件体积很小时,一般采用色标,如果采用直标,会使读数发生困难。一般直标法用于体积较大的电阻。用直标法标注的电阻、二极管等弯制时应注意将标注的文字放在能看到的地方,便于今后维修更换。

3. 手工焊接练习

手工焊接是传统的焊接方法,虽然批量电子产品生产已较少采用手工焊接,但对电子产品的维修、调试中不可避免地还会用到手工焊接。另外,本次组装万用表也需要采用手工焊接的方式。焊接质量的好坏也直接影响到维修效果。手工焊接是一项实践性很强的技能,在了解一般方法后,要多练,多实践,才能有较好的焊接质量。手工焊接握电烙铁的方法有正握、反握及握笔式 3 种,如图 2-53 所示。焊接元器件及维修电路板时,以握笔式较为方便。

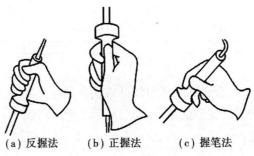

(a) 反握法　　(b) 正握法　　(c) 握笔法

图 2-53　电烙铁握法

手工焊接一般分 5 个步骤进行,如图 2-54 所示。

① 准备焊接:准备焊锡丝和烙铁。

② 加热焊件:烙铁接触焊接点,使焊件均匀受热。

③ 熔化焊料:当焊件加热到能熔化焊料的温度后将焊丝送至焊点,焊料开始熔化并湿润焊点。

④ 移开焊料:当熔化一定量的焊锡后将焊锡丝移开。

⑤ 移开烙铁:当焊锡完全湿润焊点后移开烙铁。

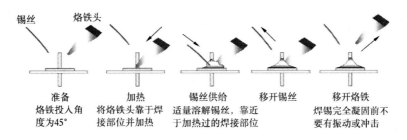

图2-54　手工焊接方法

【友情提示】

手工焊接操作过程中,应注意:

①焊件表面处理:手工烙铁焊接中遇到的焊件往往都需要进行表面清理工作,去除焊接面上的锈迹、油污、灰尘等影响焊接质量的杂质。手工操作中常用机械刮磨和酒精、丙酮来擦洗等简单易行的方法。

②预焊:将要锡焊的元件引线的焊接部位预先用焊锡湿润,这是不可缺少的操作。

③不要用过量的焊剂:合适的焊接剂应该是松香水仅能浸湿将要形成的焊点,不要让松香水透过印刷板流到元件面或插孔里。使用松香焊锡时不需要再涂焊剂。

④保持烙铁头清洁:烙铁头表面氧化的一层黑色杂质将形成隔热层,使烙铁头失去加热作用。要随时在烙铁架上蹭去杂质,或者用一块湿布或湿海绵随时擦烙铁头。

⑤焊锡量要合适。

⑥焊件要固定。

⑦烙铁撤离有讲究:撤烙铁头时轻轻旋转一下,可保持焊点适量的焊料。

焊接前一定要注意,烙铁的插头必须插在右手的插座上,不能插在靠左手的插座上;如果是左撇子就插在左手。烙铁通电前应将烙铁的电线拉直并检查电线的绝缘层是否有损坏,不能使电线缠在手上。通电后应将电烙铁插在烙铁架中,并检查烙铁头是否会碰到电线、书包或其他易燃物品。烙铁加热过程中及加热后都不能用手触摸烙铁的发热金属部分,以免烫伤或触电。烙铁架上的海绵要事先加水。

(1)烙铁头的保护

为了便于使用,烙铁在每次使用后都要进行维修,将烙铁头上的黑色氧化层锉去,露出铜的本色,在烙铁加热的过程中要注意观察烙铁头表面的颜色变化,随着颜色的变深,烙铁的温度渐渐升高,这时要及时把焊锡丝点到烙铁头上,焊锡丝在一定温度时熔化,将烙铁头镀锡,保护烙铁头,镀锡后的烙铁头为白色。

(2)烙铁头上多余锡的处理

如果烙铁头上挂有很多的锡,不易焊接,可在烙铁架中带水的海绵上或者在烙铁架的钢丝上抹去多余的锡。不可在工作台或者其他地方抹去。

(3)在练习板上焊接

焊接练习板是一块焊盘排列整齐的线路板,学生将一根七股多芯电线的线芯剥出,把一股从焊接练习板的小孔中插入,练习板放在焊接木架上,从右上角开始,排列整齐,进行焊接。

练习时注意不断总结,把握加热时间、送锡多少,不可在一个点加热时间过长,否则会使线路板的焊盘烫坏。注意应尽量排列整齐,以便前后对比,改进不足。

焊接时先将电烙铁在线路板上加热,大约 2 s 后,送焊锡丝,观察焊锡量的多少,不能太多,避免造成堆焊;也不能太少,否则造成虚焊。当焊锡熔化发出光泽时焊接温度最佳,应立即将焊锡丝移开,再将电烙铁移开。为了在加热中使加热面积最大,要将烙铁头的斜面靠在元件引脚上,烙铁头的顶尖抵在线路板的焊盘上。焊点高度一般在 2 mm 左右,直径应与焊盘相一致,引脚应高出焊点大约 0.5 mm。

4. 焊点的正确形状

在焊接的过程中,由于各种原因会形成各不相同的焊点形状,如图 2-55 所示。焊点的正确形状俯视(见图 2-56):焊点 a,b 形状圆整,有光泽,焊接正确;焊点 c,d 温度不够,或抬烙铁时发生抖动,焊点呈碎渣状;焊点 e,f 焊锡太多,将不该连接的地方焊成短路。焊接时一定要注意尽量把焊点焊得美观牢固。

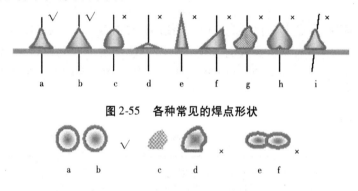

图 2-55 各种常见的焊点形状

图 2-56 各种常见焊点俯视图

5. 元器件的插放

将弯制成型的元器件对照图纸插放到线路板上。特别要注意的是:一定不能插错位置;二极管、电解电容要注意极性;电阻插放时要求读数方向排列整齐,横排的必须从左向右读,竖排的从下向上读,保证读数方向一致。

6. 元器件参数的检测

每个元器件在焊接前都要用万用表检测其参数是否在规定的范围内。二极管、电解电容要检查它们的极性,电阻要测量阻值。

四、元器件的焊接与安装

1. 元器件的焊接

在焊接练习板上练习合格,对照图纸插放元器件,用万用表校验,检查每个元器件插放是否正确、整齐,二极管、电解电容极性是否正确,电阻读数的方向是否一致,全部合格后方可进行元器件的焊接。焊接完后的元器件,要求排列整齐,高度一致。

2. 错焊元件的拔出

当元件焊错时,要将错焊元件拔出。注意用力要轻,不能将焊盘推离线路板,使焊盘与线路板间形成间隙或者使焊盘与线路板脱开。

3. 电位器的安装

电位器安装时,应先测量电位器引脚间的阻值,电位器共有 5 个引脚(如图 2-57 所示),其中 3 个并排的引脚中,1,3 两点为固定触点,2 为可动触点,当旋钮转动时,1,2 或者 2,3 间的阻值将发生变化。

注意:电位器要装在线路板的焊接绿色面,不能装在黄色面。

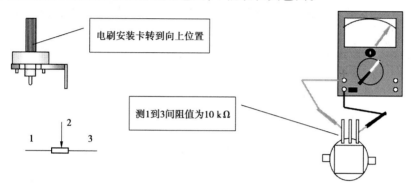

图 2-57　电位器阻值的测量与安装

4. 分流器的安装

安装分流器时要注意方向,不能让分流器影响线路板及其余电阻的安装。

5. 输入插管的安装

输入插管装在绿色面,是用来插表棒的,因此一定要焊接牢固。将其插入线路板中,用尖嘴钳在黄色面轻轻捏紧,将其固定,一定要注意垂直,然后将两个固定点焊接牢固。

6. 晶体管插座的安装

晶体管插座装在线路板绿色面,用于判断晶体管的极性。在绿色面的左上角有 6 个椭圆的焊盘,中间有两个小孔,用于晶体管插座的定位,将其放入小孔中检查是否合适,如果小孔直径小于定位凸起物,应用锥子稍微将孔扩大,使定位凸起物能够插入。

7. 焊接时的注意事项

①在拿起线路板的时候,最好戴上手套或者用两指捏住线路板的边缘。不要直接用手抓线路板两面有铜箔的部分,防止手汗等污渍腐蚀线路板上的铜箔而导致线路板漏电。

②如果在安装完毕后发现高压测量的误差较大,可用酒精将线路板两面清洗干净并用电吹风烘干。电路板焊接完毕后,应用橡皮将 3 圈导电环上的松香、汗渍等残留物擦干净,否则易造成接触不良。

③焊接时一定要注意电刷轨道上一定不能黏上锡,否则会严重影响电刷的运转。为了防止电刷轨道黏锡,切忌用烙铁运载焊锡。由于焊接过程中有时会产生气泡,使焊锡飞溅到电刷轨道上,因此应用一张圆形厚纸垫在线路板上。

④如果电刷轨道上黏了锡,应将其绿色面朝下,用没有焊锡的烙铁将锡尽量刮除。但由于线路板上的金属与焊锡的亲和性强,一般不能刮尽,只能用小刀稍微修平整。

⑤在每一个焊点加热的时间不能过长,否则会使焊盘脱开或脱离线路板。对焊点进行修整时,要让焊点有一定的冷却时间;否则不但会使焊盘脱开或脱离线路板,而且会使元器件温度过高而损坏。

8.电池极板的焊接

焊接前,检查电池极板的松紧,如果太紧应将其调整。调整的方法是用尖嘴钳将电池极板侧面的凸起物稍微夹平,使它能顺利地插入电池极板插座,且不松动。电池极板安装的位置:平极板与凸极板不能对调,否则电路无法接通。焊接时应将电池极板拨起,否则高温会把电池极板插座的塑料烫坏。为了便于焊接,应先用尖嘴钳的齿口将其焊接部位部分锉毛,去除氧化层。用加热的烙铁蘸一些松香放在焊接点上,再加焊锡,为其搪锡。

五、机械部件的安装

各机械部件安装的顺序为:

①提把的安装→②电刷旋钮的安装→③挡位开关旋钮的安装→④电刷的安装→⑤线路板的安装→⑥电池与后盖的安装。

六、万用表简单故障的排除

1.表头指针没任何反应

①表头、表棒损坏。

②接线错误。

③保险丝没装或损坏。

④电池极板装错。如果将两种电池极板装反位置,电池两极无法与电池极板接触,电阻挡就无法工作。

⑤电刷装错。

2.电压指针反偏

这种情况一般是表头引线极性接反。如果 DCA,DCV 正常,ACV 指针反偏,则为二极管 VD1 接反。

3.测电压示值不准

这种情况一般是焊接有问题,应对被怀疑的焊点重新处理。

七、万用表的调试与校准

1.万用表调试检查方法

①装配完线路板后,请仔细对照同型号图纸,检查元件焊接部位是否有错漏焊。对于初学焊接者来说,还需检查焊点是否有虚焊、连焊现象,可用镊子轻轻拨动零件,检查是否松动。

②检查完线路板后,即可按各型号万用表装配要求进行总装。总装方法参见各型号万用表装配步骤。装配完成后,旋转挡位开关旋钮一周,检查手感是否灵活。如有阻滞感,应查明原因后加以排除。然后可重新拆下线路板检查线路板上电刷(刀位)银条(分段圆弧,位于线路板中央),电刷(刀位)银条上应留下清晰的刮痕,如出现痕迹不清晰或电刷银条上无刮痕等现象,应检查电刷与线路板上的电刷银条是否接触良好或装错装反。直至挡位开关旋钮旋转时手感良好后,方可进入下一阶段工作。

③装上电池并检查电池两端是否接触良好。插入 + 、- 表棒,将万用表挡位旋钮旋至 Ω

挡最小挡位,将红、黑表棒搭接,表针应向右偏转。调整欧姆调零旋钮,表针应可以准确指示在 Ω 挡零位位置。依次从最小挡位调整至最大挡位(R×1—蜂鸣器—R×100 kΩ),每挡均应能调整至 Ω 挡零位位置。如不能调整至零位位置,常见故障如下:指针位于零位左边,可能是电池性能不良(更换新电池)或电池电刷接触不良。重复调试检查方法②、③中的相关步骤后,本表基本装配成功,下面将进入校试工作。

2. 万用表校试方法

基本装配成功后的万用表,就可以进行校试了。只有校试完成后的万用表才可以准确测量使用。工厂中,一般均用专业仪表校准仪校试,这样便于大规模生产,产品参数也比较统一。手工装配的万用表如何校试呢?在业余情况下进行准确地校试是每一个工作者完成装配后的第一心愿。下面介绍在没有专业仪器的情况下,准确校试万用电表的几种方法。

(1)校试设备

业余校试万用表需准备以下设备:

①3 $\frac{1}{2}$ 位以上数字万用表一块。

②直流稳压电源一台(根据情况,可选用任何直流电原,也可直接用 9 V,1.5 V 电池替代)。

③交流调压器一台(功率无要求),如没有也可选用多抽头交流变压器220 V/5 V,10 V,36 V 等一只(变压器功率无要求,如果没有多抽头电流变压器,可选用任何一种初级 220 V,次级最好在 10 V 以下的电源变压器)。

④普通电阻若干(5% 精度就可以)。

(2)基准挡位校试

首先将基本装配完成的万用表挡位旋转至直流电流挡(DCmA)最小挡,47,47-A,960,TY360 等型号为50 μA;TY-360TRX 为 100 μA,调试设备连接如图 2-58 所示。

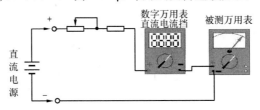

图 2-58　直流电流挡 DCmA 校试图

将数字万用表旋至直流电流挡,如200 μA 挡。被测万用表水平放置,未测试前应检查万用表指针是否在机械零位上。如有偏移,调整表头下方机械调零器至机械零位,一般情况下此装置不需经常调整。调整电位器(见图 2-58)使数字万用表显示50 μA(或 100 μA,根据型号)检查被测万用表是否指示满度值。正负误差不超过 1 格。如超出范围应调整 WH2 电阻(见图 2-49 电路原理图)直至合格为止。如不能调整至合格范围,应检查是否有错装、漏焊等现象。

(3)直流电流挡校试(DCA)

基准挡校试完成后,将直流电流挡顺序增加挡位,例如,按照50 μA—500 μA—5 mA—

50 mA—500 mA(不同规格万用表挡位不完全一样,但校试方法同基准挡)的顺序,此时数字表挡位也相应增加。如直流电源输出电流较小,在较大电流时,不能校至于满度。此时通过观察数字表读数和指针表读数是否相同,一般也可以保证本表精度在合格范围之内。如所用直流电流为恒流恒压直流电源时,可去除图 2-58 中可调电阻器调试。

（4）直流电压挡校试（DCV）

直流电压挡校试（DCV），调试装备连接如图 2-59 所示。

从最低电压挡开始检查,逐挡向上调整,按照 0.25 V—0.5 V—1 V—10 V—50 V—250 V—500 V—1 000 V 的顺序。最低挡应调整至满度检查。数字表此时也同样位于对应的直流电压挡上,检查方法与直流电流挡相同。图 2-59 电位器中流过电流的大小应根据所选用直流电源电压来调整,电流范围在 1～10 mA,否则会影响校试精度。此种方法中,由于直流电源电压较低,在测量高电压时指针偏转角度较小,会影响校试精度,可以采用方法二来校试。如采用直流电源校检时,可去除图 2-59 中的可调电阻,直接调整稳压电源电压。直流电压挡校试方法二如图 2-60 所示。

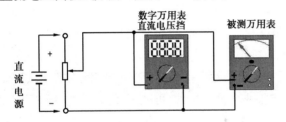
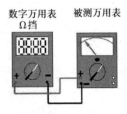

图 2-59　直流电压挡 DCV 校试图　　　图 2-60　直流电压挡 DCV 校试方法二

在用户缺少高电压直流电源的情况下,可用测量内阻法校试直流电压挡,每种万用表在表盘上均标有不同的灵敏度,如 DCV20 kΩ/V 或 DCV10 kΩ/V 等。首先从最小电压挡校试,如 0.25 V,表盘标示灵敏度为 20 kΩ/V。那么此挡内阻一定为 20 kΩ×0.25 V=5 kΩ。在此挡位时用数字万用表 Ω 挡,在测量被测指针表" ＋"" －"端子两端(见图 2-59),内阻一定为 5 kΩ 左右,相应的如果在 50 V 挡被测万用表内阻值为 1 MΩ,依次类推。注意:大于 250 V 时的灵敏度应根据标示值计算,如 1 000 V 表盘灵敏度标示值为 9 kΩ/V,那么内阻此时等于 1 000 V×9 kΩ/V=9 MΩ/V。用此法测量只要数字万用表测出的阻值误差不超出 ±2.5%,校试精度均可保证。

（5）交流电压挡校试（ACV）

交流电压挡校试（ACV），调试设备连接如图 2-61 所示。

数字表挡位应覆盖被测万用表挡位。如被测表校试 10 V 交流电压挡,数字表此时应选用 20 V 挡。从最小挡位开始。按 10 V—50 V—250 V—500 V—1 000 V 的顺序递进校试。最小挡位应作满度校试。校试开始时,调压器一定要位于最小电压处,以免烧毁万用表。因调压器无隔离装置,测试时有触电危险,校试时必须有专业人员指导操作。如手中一时没有调压器可选用普通电源变压器(次级电压小于 10 V)。校试方法同上,但在校试较高电压时,指针偏转角度过小,准确读数会有一定困难。

（6）Ω 挡校试

Ω 挡校试方法如图 2-62 所示,首先准备一些普通电阻,阻值尽可能靠近被测表的中心值。如 MF-47 型中心值为 16.5,就可分别选用 16 Ω（R×1 挡用）,160 Ω（R×10 挡用）,1.6 kΩ（R×100 挡用）,16 kΩ（R×1 kΩ 挡用）,160 kΩ（R×10 kΩ 挡用）。其他不同型号万用表应根据其中心值（Ω 挡）选用相应的电阻,然后按照顺序校试即可。将电池装入万用表,同样先从最小挡位开始校试,按照 R×1 挡—R×10 挡—R×100 挡—R×1 kΩ 挡—R×10 kΩ 挡—R×100 kΩ 挡的顺序递进校试。不同万用表 Ω 挡位的设置可能不相同,指针万用表每更换一次挡位后,必须重新调零（欧姆调零电位器）。注意:指针型万用表一般均设有两处调零,一处为 Ω 调零,另一处为机械调零。机械零点首次校试完毕后,没有特殊情况一般不需要调整。调零完成后即可选用中心值附近电阻校验。万用表测量电阻时数值的精度一般误差在 ±10% 以内即为合格,其他电阻也可用来测量,应了解该表 Ω 挡的线性情况。测量大电阻时,应避免人体同时接触电阻两端,否则会产生附加误差。使用指针表 Ω 挡测量时,必须装入电池方可使用。而使用其他挡位如电压、电流挡没有电池时也可以正常工作。

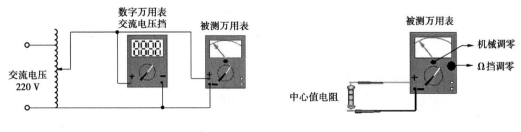

图 2-61　交流电压挡 ACV 校试图　　　　**图 2-62　Ω 挡校试图**

（7）其他挡校试

经过上述校试检查后,该表一般即可达到基本精度。表盘上除上述挡位之外的其他挡位基本上都附属于上述各挡。如 dB 挡附属于交流电压挡,交流电压挡校准后此挡一定在标准范围之内;晶体管 h_{FE} 挡、直流电容测量挡、蜂鸣器挡、LV/LI 挡均附属于 Ω 挡,校试完毕后,仅需检查是否有此功能,即可保证测量精度（使用方法见说明书介绍）。

经过上述校试检查,你装配的万用表已经可以正常使用,最后祝贺你成功地完成首块万用表的制作。

【知识拓展】

1. 万用表的读数

读数时目光应与表面垂直,使表指针与反光铝膜中的指针重合,确保读数的精度。检测时先选用较高的量程,根据实际情况,调整量程,最后使读数在满刻度的 2/3 附近。

2. 使用万用表的注意事项

①测量时不能用手触摸表棒的金属部分,以保证安全和测量准确性。测电阻时,如果用手捏住表棒的金属部分,会将人体电阻并接于被测电阻而引起测量误差。

②测量直流量时注意被测量的极性,避免反偏打坏表头。

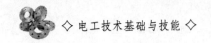

③不能带电调整挡位或量程,避免电刷的触点在切换过程中产生电弧而烧坏线路板或电刷。

④测量完毕后应将挡位开关旋钮打到交流电压最高挡或空挡。

⑤不允许测量带电的电阻,否则会烧坏万用表。

⑥表内电池的正极与面板上的"－"插孔相连,负极与面板"＋"插孔相连,如果不用时误将两表棒短接会使电池很快放电并流出电解液,腐蚀万用表,因此不用时应将电池取出。

⑦在测量电解电容和晶体管等器件的阻值时,要注意极性。

⑧电阻挡每次换挡都要进行调零。

⑨不允许用万用表电阻挡直接测量高灵敏度的表头内阻,以免烧坏表头。

⑩一定不能用电阻挡测电压,否则会烧坏熔断器或损坏万用表。

【任务评价】

任务名称	MF-47 型万用表的组装与调试					
任务执行者				评价人		
评价内容					分值	
产品质量评价					总分	实际得分
成型质量	美观、规范得 20 分,一处不合格扣 1 分(从引脚折弯尺寸、弧度、对称、有无损伤判断)				20	
插装标准	美观、规范得 20 分,一处不合格扣 1 分(从插装高度、极性、标志方向、安装位置判断)				20	
焊点质量	美观、规范得 20 分,一处不合格扣 1 分(从形状、亮度、均匀、整洁方面判断)				20	
整体结构	整体结构完整、稳固得 10 分,否则酌情扣分				10	
性能与参数	功能完备、参数准确得 30 分				30	
	机械调零	电阻调零	直流电压	交流电压	电阻	
总评						
建议:						

【知识巩固】

1. 为什么电阻用色环表示阻值？黑、棕、红、绿分别代表的阻值的数字是什么？

2. 二极管、电解电容的极性如何判断？

3. 万用表的种类有哪些？

4. 元件焊接前要做什么准备工作？焊接的要求是什么？

5. 电位器的作用是什么？

6. 如何正确使用万用表？

7. 电位器的安装步骤是什么？

8. 挡位开关旋钮、电刷旋钮如何安装？

9. 二极管的焊接要注意什么？

10. 如何调整、安装电池极板？

项目三

电容与电感

通过前面的学习,对电路的分析有了简单的思路。通过对本项目的学习,让你对电容、电感有初步的认识及简单的分析,并能对它们进行识别与好坏检测,为学好交流电路以及电子技术基础等专业课程打下基础。

【知识目标】

1. 能描述电容器的概念、结构、符号、常见外形、串并联的计算、充放电过程。

2. 能说明磁场相关概念、定则、现象,以及电磁感应现象及应用。

3. 能描述电感器的概念、结构、符号、常见外形、串并联的计算、充放电过程。

4. 能说明常见变压器和电动机的外形与种类、工作原理及应用。

【技能目标】

1. 会识别电容器、电感器。

2. 会判断电容器、电感器的质量好坏。

3. 会选用电容器、电感器。

【情感目标】

1. 通过严格规范的实验和实训操作等手段,培养学生树立规范操作的思想,养成踏实、严谨的学习态度。

2. 通过探究学习,培养学生理论联系实际的学习方法。

3. 通过分组学习、讨论等方式养成团队协作意识。

任务一　电容器的识别与应用

【任务分析】

电容器是一种应用非常广泛的元件,它是一种能够储存电荷的储能元件。掌握电容器的基本知识,将为学习交流电路和电子技术课程打下坚实的基础。那么电容器具有哪些基本性质? 如何分析电容器电路呢? 让我们走进电容器的世界,来学一学电容器的知识吧!

【知识准备】

一、电容器与电容

任何两个被绝缘介质隔开而又互相靠近的导体,就可称为电容器。这两个导体就是电容器的两个极板,中间的绝缘物质称为电容器的介质。

电容器最基本的特性是能够储存电荷。如果在电容器的两极板上加上电压,则在两个极板上将分别出现数量相等的正、负电荷,如图 3-1 所示。这样电容器就储存了一定的电荷和电场能量。

实验证明:电容器所储存的电荷量与两极板间的电压的比值是一个常数,称为电容器的电容量,简称电容,用字母 C 表示。它表示电容器储存电荷的本领,用公式表示为

$$C = \frac{Q}{U}$$

式中　C——电容,F;

　　　Q—— 一个极板的电荷量,C;

　　　U——两极板间的电压,V。

电容的单位是法[拉],用符号 F 表示。实际应用时,法[拉]这个单位太大,通常使用远远小于法[拉]的单位微法(μF)和皮法(pF),其关系为

$$1 \; \mu\text{F} = 10^{-6}\text{F}$$
$$1 \; \text{pF} = 10^{-12}\text{F}$$

最简单的电容器是平行板电容器,它由两块相互平行且靠得很近而又彼此绝缘的金属板组成,两块金属板就是电容器的两个极板,中间的空气即为电容器的电介质,如图 3-2 所示。

理论和实验证明:平行板电容器的电容量与电介质的介电常数及极板面积成正比,与两极板间的距离成反比,即

$$C = \frac{\varepsilon S}{d}$$

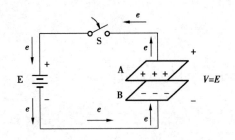

图 3-1　电容器储存电荷　　　　　　　　　图 3-2　平行板电容器

式中　ε——某种电介质的介电常数,F/m;

　　　S——每块极板的有效面积,m^2;

　　　d——两极板间的距离,m。

说明:对某一个平行板电容器而言,它的电容是一个确定值,其大小与电容器的极板面积、相对位置以及极板间的电介质有关;与两极板间的电压、极板所带电荷量无关。

不同电介质的介电常数是不同的,真空中的介电常数用 ε_0 表示。实验证明为

$$\varepsilon_0 = 8.85 \times 10^{-12}\ \text{F/m}$$

其他电介质的介电常数是它们的介电常数与真空中的介电常数的比值,称为某种物质的相对介电常数,用 ε_r 表示,即

$$\varepsilon_r = \frac{\varepsilon}{\varepsilon_0}$$

$$\varepsilon = \varepsilon_r \varepsilon_0$$

相对介电常数没有单位。常用电介质的相对介电常数见表 3-1。

表 3-1　常用电介质的相对介电常数

介质名称	ε_r	介质名称	ε_r
空气	1	聚苯乙烯	2.2
石英	4.2	三氧化二铝	8.5
人造云母	5.2	玻璃	5.0 ~ 10
酒精	35	蜡纸	4.3
纯水	80	五氧化二钽	11.6
云母	7.0	超高频瓷	7.0 ~ 8.5
木材	4.5 ~ 5.0	变压器油	2.0 ~ 2.2

【友情提示】

　　并不是只有电容器才有电容,实际上任何两个导体之间都存在着电容,如晶体三极管各电极之间、输电线之间、输电线与大地之间等都存在电容。由于这些电容很小,一般可以忽略不计。

二、电容器的符号、参数及特点

1. 电容器的图形符号

(1)常见电容器的外形

常见电容器的外形如图 3-3 所示。

电解电容　　　瓷片电容　　　涤纶电容　　　独石电容

可调电容　　　微调电容　　　金属化膜电容　　　云母电容

图 3-3　常见电容器的外形

(2)常见电容器的图形符号

常见电容器的图形符号见表 3-2。

表 3-2　常见电容器的图形符号

名　称	无极性电容器	有极性电容器	半可变电容器	单连可变电容器	双连可变电容器
图形符号					

2. 电容器的参数

(1)额定工作电压

电容器的额定工作电压一般称为耐压,是电容器能长时间稳定工作,并能保证电介质性能良好的直流电压的数值。在电容器外壳上所标的电压就是该电容器的额定工作电压。在交流电路中使用电容器,必须保证电容器的额定工作电压不低于电路交流电压的最大值,否则电容器介质的绝缘性能将受到不同程度的破坏,严重时电容器会被击穿,两极间发生短路,不能继续使用(金属膜电容器和空气介质电容器除外)。耐压值的表示方法有直标法(如 16 V),另外还用字母标志,字母符号及意义见表 3-3。

表 3-3　表示耐压的字母符号及意义

A	B	C	D	E	F	G	H	J
1	1.25	1.6	2.0	2.5	3.15	4.0	5.0	6.3

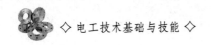

例如,2A 表示 10 的 2 次方 100 V × 1 = 100 V,3C 表示 10 的 3 次方 1 000 V × 1.6 = 1 600 V。

(2)标称容量和允许误差

电容器的标称容量是指标注在电容器上的电容。电容器的标称容量表示方法见表3-4。电容器的标称容量与它的实际容量会有一定误差,国家对不同的电容器规定了不同的误差范围,在此范围内的误差称为允许误差。电容器的允许误差见表3-5。

表 3-4　电容器的标称容量表示方法

直标法	将电容的标称容量、耐压及允许误差直接标在电容体上	例如,4 700 μF　25 V。若是零点零几,常把整数位的"0"省去,如.01 μF 表示 0.01 μF
数字表示法	只标数字不标单位的直接表示法。采用此种方法的仅限于单位为 pF 和 μF 两种,一般无极性电容默认单位为 pF,电解电容默认单位为 μF	它们容量分别为 18 pF,56 pF,56 pF,22 pF
数码表示法	一般用 3 位数字来表示容量的大小,单位为 pF。其中,前两位为有效数字,后一位表示倍率,即乘以 10^n,n 为第 3 位数字,若第 3 位数字为 9,则乘 10^{-1}。一般无极性电容默认单位为 pF,电解电容默认单位为 μF	容量为 10×10^4 pF 容量为 22×10^4 pF
字母数字混合表示法	字母数字混合表示法用 2~4 位数字和一个字母表示标称容量,其中数字表示有效数值,字母表示数值的单位。字母有时既表示单位也表示小数点	容量为 4.7 nF
色码表示法	色码表示法与电阻器的色环表示法类似,颜色涂于电容器的一端或从顶端向引线排列。色码一般只有 3 种颜色,前两环为有效数字,第 3 环为倍率,容量单位为 pF	容量为 22×10^2 pF

表 3-5　电容容量误差表

表示符号	F	G	J	K	L	M
允许误差	±1%	±2%	±5%	±10%	±15%	±20%

常见电容相关参数见表3-6。

表 3-6　常见电容相关参数

电容名称	容量范围	额定工作电压	主要性能特点
纸介电容	1 000 pF ~ 0.1 μF	160 ~ 400 V	成本低,损耗大,体积大
云母电容	4.7 ~ 30 000 pF	250 ~ 7 000 V	耐压高,耐高温,漏电小,损耗小,性能稳定,体积小,容量小
陶瓷电容	2 pF ~ 0.047 μF	160 ~ 500 V	耐高温,漏电小,损耗小,性能稳定,体积小,容量小
涤纶电容	1 000 pF ~ 0.5 μF	63 ~ 630 V	体积小,漏电小,质量轻,容量小
金属膜电容	0.01 ~ 100 μF	400 V	体积小,电容量较大,击穿后有自愈能力
聚苯乙烯电容	3 pF ~ 1 μF	63 ~ 250 V	漏电小,损耗小,性能稳定,有较高的精密度
钽电解质电容	1 ~ 20 000 μF	3 ~ 450 V	电容量大,有极性,漏电大

三、电容器的充电与放电

电容器的充电与放电就是指电容器储存电荷与释放电荷的过程。

【做一做】

电容器充电、放电实验电路如图 3-4 所示。C 为大容量电解电容器,R 为电位器,指示灯串联在 RC 电路中,电流表 A 用于测量 RC 电路的电流,电压表 V 用于测量电容器两端的电压,S 为单刀双掷开关,S 拨至"1"时,电源 E 对电容器充电;充电结束后,再将 S 拨至"2"时,电容器放电。电容器充电、放电实验现象见表 3-7。

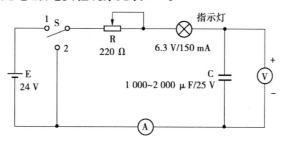

图 3-4　电容器充电、放电实验电路

表 3-7 电容器充电、放电实验现象记录表

序号	过程	实验现象			结束标志
		指示灯	电流表	电压表	
1	充电	由亮逐渐暗,最后熄灭	读数由大逐渐变小,最后为 0	读数由 0 逐渐变大,最后为 E	$I_C = 0, U_C = E$
2	放电	由亮逐渐暗,最后熄灭	读数由大逐渐变小,最后为 0	读数由 E 逐渐变小,最后为 0	$I_C = 0, U_C = 0$

由电容器的充、放电过程可知,电容器具有以下特点:

1. 电容器是一种储能元件

电容器的充电过程就是极板上电荷不断积累的过程。电容器充满电荷时,相当于一个等效电源。随着放电的进行,原来储存的电场能量又全部释放出来,即电容器本身只与电源进行能量交换,而并不损耗能量,因此电容器是一种储能元件。

2. 电容器能够隔直流、通交流

当电容器接通直流电源时,在刚接通瞬间发生充电过程。充电结束后,电路处于开断路状态,即"隔直流";当电容器接通交流电源时,由于交流电流的大小和方向不断交替变化,使电容器反复进行充电和放电,电路中就出现连续的交流电流,即"通交流"。

【友情提示】

电容器的充、放电过程,与水容器(如水桶)的蓄、放水过程非常相似。充电(蓄水)时,充电电流流入电容器(蓄水水流流入水容器),电容两端电压 U_C 上升(水容器内水位上升),电荷被储存在电容器中(水被储存在水容器)。放电(放水)时,过程也类似,同学们可以自己想一想。

四、电容器的电场能量

电容器在充电过程中,电容器两个极板上有电荷积累。两极板间形成电场,电场具有能量。电容充电时,电源把自由电子由一个极板上移动至另一个极板上,电源克服正极板对电子的吸引力和负极板对电子的排斥力而做功,使正、负极板上储存的电荷量不断增加。整个充电过程是电源不断搬运电荷的过程,所消耗的能量转化为电场能储存在电容器之中。

电容器充电时所储存的电场能为

$$W_C = \frac{1}{2}QU_C = \frac{1}{2}CU_C^2$$

式中 W_C——电容器中的电场能,J;

C——电容器的电容,F;

U_C——电容器两极板间的电压,V。

五、电容器的连接

1. 电容器的串联

将两个或两个以上的电容器首尾依次相连,中间无分支的连接方式,称为电容器的串联,如图3-5所示。电容器串联电路的特点见表3-8。

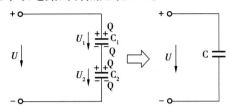

图 3-5　电容器串联电路

表 3-8　电容器串联电路的特点

电量特点	$Q = Q_1 = Q_2$
电压特点	$U = U_1 + U_2$
电容特点	$\dfrac{1}{C} = \dfrac{1}{C_1} + \dfrac{1}{C_2}$

【友情提示】

电容器串联电路的电容特点与电阻并联电路的电阻特点类似,实际应用中要加以区别。当有 n 个等值电容器串联时,其等效电容为

$$C = \frac{C_0}{n}$$

2. 电容器的并联

将两个或两个以上电容器接在相同的两点之间的连接方式,称为电容器的并联,如图3-6所示。电容器并联电路的特点见表3-9。

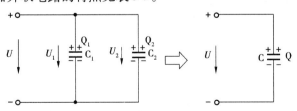

图 3-6　电容器并联电路

表 3-9　电容器并联电路的特点

电量特点	$Q = Q_1 + Q_2$
电压特点	$U = U_1 = U_2$
电容特点	$C = C_1 + C_2$

【友情提示】

当 n 个等值电容器并联时，其等效电容为 $C=nC_0$。

六、电解电容器极性的判别

1. 从外观判别电解电容器的极性

图 3-7　通过电容器外壳标注来判别电解电容器的极性

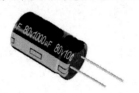

未使用过的电解电容器以引线的长短来区分电容器的正负极，长引线为正极，短引线为负极。也可以通过电容器外壳标注来判别，如有些电容器外壳标注负号，对应的引线为负极，如图 3-7 所示。

2. 用指针式万用表判别电解电容器的极性

利用电解电容器正向漏电电阻（即正向漏电电流小）大于反向漏电电阻（即反向漏电电流大）的特性，通过测量电容器的漏电电阻来判别电解电容器的极性。

【知识拓展】

电容器质量检测方法

较大容量电容器的质量可以用万用表进行检测。其检测方法：首先根据电容器容量的大小选择合适的量程，通常 0.01～10 μF 选用 R×10 kΩ 挡，100 μF 选用 R×1 kΩ 挡，1 000 μF选用 R×100 Ω 挡或 R×10 Ω 挡。然后用表笔短接电容器的两引脚进行放电，再用表笔分别接触电容器的两根引脚。若指针迅速向顺时针方向转动，然后又慢慢地退回到“∞”附近，这时指针所指的数值就是该电容器的漏电电阻值。漏电电阻大（一般为几百到几千兆欧），说明电容器绝缘性能好。若漏电电阻小（几兆欧以下），表明电容器漏电严重，不能使用。如果指针在“0”附近，表示电容器击穿短路；如果指针一动不动，表示电容器开路失效。值得注意的是，对于耐压低于 9 V 的电解电容器，不能用 R×10 kΩ 挡来检查，因为万用表在 R×10 kΩ 挡用的电池电压为 9 V，15 V 或 22.5 V。

【任务实施】

一、认一认

仔细观察各种不同的类型、规格的电容器的外形，从所给的电容器中任选 5 个，将电容器名称、特点填入表 3-10 中。

表 3-10　电容器的识别

序　号	1	2	3	4	5
名称					
符号					

续表

序　号	1	2	3	4	5
容量					
耐压					
特点					

二、测一测

1. 用万用表检测电解电容器的正向漏电电阻值,判断电容器极性,将结果填入表3-11中。

表3-11　测试漏电电阻和极性

序　号	漏电电阻		电解电容器极性
	正　向	反　向	
1			
2			
3			
4			

2. 用万用表检测大容量电容器的质量,将结果填入表3-12中。

表3-12　大容量电容器检测

序　号	万用表量程	测量结果	结　论
1			
2			
3			
4			

【知识拓展】

一、瞬态过程

1. 做一做

在如图3-8所示电路中,HL_1,HL_2,HL_3是3个完全相同的灯泡。

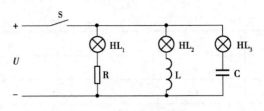

图 3-8　电路的瞬态过程

纯电阻电路不需要时间过程。

灯泡 HL_2 支路与纯电感电路串联,在开关 S 闭合瞬间,该支路电流从一种稳定状态到另一种稳定状态,需要一段时间过程,即瞬态过程。

灯泡 HL_3 支路与纯电容电路串联,在开关 S 闭合瞬间,该支路电流从一种稳定状态到另一种稳定状态,需要一段时间过程,即瞬态过程。

能量的变化需要经过一段时间,电路由一个稳定状态过渡到另一个稳定状态要有一个过程,这个过程称为瞬态过程,也称过渡过程。

2. 换路定律

电源开关的闭合与打开、电路的参数变化、线路的改接等现象统称为换路。电路换路后的瞬间,如果流过电容器的电流和电感两端的电压为有限值,则电容器两端的电压与电感上的电流都应保持换路前的一瞬间的原数值而不能突变,电路换路后就以此为初始值连续变化直至达到新的稳定值。这个规律称为换路定律或换路条件。

为了简化问题,通常认为换路是在瞬间完成的,而且把该瞬间作为计算时间的起点。即设该瞬间为 $t = 0$,换路前的瞬间为 $t = 0^-$,换路后的瞬间为 $t = 0^+$,则换路定律的数学表达式为

$$u_c(0^+) = u_c(0^-)$$

$$i_L(0^+) = i_L(0^-)$$

换路定律的实质是"能量不能突变"这一自然规律在电容器和电感上的具体反映。

3. RC 电路的瞬态过程

RC 电路的瞬态过程就是电容器充电、放电过程。由如图 3-4 所示的电容器充电、放电实验电路可知,电容器充电过程中,电容器两端电压逐渐升高,充电电流随之减小。电流的减小,说明电容器极板上电荷增加的速率和电容器两端电压增大的速率在减小,即电压增加得越来越慢。当电容器两端电压上升到等于电源电压 E 时,充电电流下降到零,瞬态过程结束,电路处于稳定状态。

实验证明:RC 串联电路接通直流电路时,充电电压 u_C 与充电电流 i 随时间变化的曲线如图 3-9 所示。

在电容器放电过程中,电容器两端电压逐渐减小,充电电流随之减小。当电容器两端电压下降到零时,充电电流下降到零,瞬态过程结束,电路处于稳定状态。

实验证明:RC 串联电路短接时,放电电压 u_C 与放电电流 i 随时间变化的曲线如图 3-10 所示。

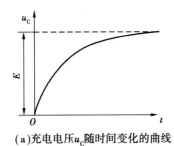
（a）充电电压u_C随时间变化的曲线

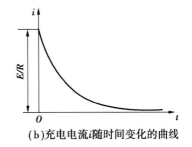
（b）充电电流i随时间变化的曲线

图3-9 充电电压u_C与充电电流i随时间变化的曲线

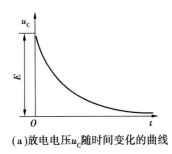
（a）放电电压u_C随时间变化的曲线

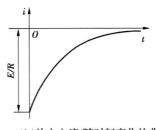
（b）放电电流i随时间变化的曲线

图3-10 放电电压u_C与放电电流i随时间变化的曲线

4. 时间常数

由图3-9和图3-10可知,无论电容器是充电还是放电,电流、电压随时间变化的曲线都是开始较快,以后逐渐减慢,直至无限接近最终值。数学证明:电容器充电时,充电电压按指数规律上升,充电电流按指数规律下降;电容器放电时,放电电压按指数规律下降,放电电流按指数规律下降。

电容器充电时,当电路中电阻一定时,电容越大,则达到同一电压所需要的电荷就越多,因此所需要的时间就越长;若电容一定,电阻越大,充电电流就越小,因此充电到同样的电荷值所需要的时间就越长。放电规律也是如此。这说明 R 和 C 的大小影响着充、放电时间的长短。

电阻 R 和电容 C 的乘积称为 RC 电路的时间常数,用 τ 表示,即

$$\tau = RC$$

式中　τ——RC 电路的时间常数,s。

因此,充电和放电时间的快慢可以用 τ 表示。τ 越大,充电越慢,即瞬态过程越长;反之,τ 越小,充电越快,即瞬态过程越短。时间常数与充电电压和充电电流的关系见表3-13。

表3-13 时间常数与充电电压和充电电流的关系

时间 τ	0	τ	2τ	3τ	4τ	5τ
充电电压 u_C	0	0.03E	0.864E	0.95E	0.982E	0.993 3E
充电电流 i_L	I_0	0.37I_0	0.136I_0	0.05I_0	0.018 3I_0	0.006 7I_0

理论上,必须经过无限长的时间瞬态过程才能结束。但在实际中,当 $t = (3 \sim 5)\tau$ 时,瞬态过程基本结束。

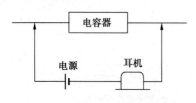

图 3-11　用耳机判别容量较小电容器的质量

二、小容量电容器质量检测

容量较小的电容器,可以用一只耳机、一节 1.5 V 电池,按如图 3-11 所示的电路接法来判别其质量。若耳机一端与被测电容器相碰时,耳机发出"咔咔"声,连续碰几下,声音就小了,说明电容器是好的;若连续碰,一直有"咔咔"声,说明电容器内部短路或严重漏电;若没有声音,说明电容器内部开路。

三、特殊电容器的应用

电容器除广泛地用于耦合、滤波、隔直流、调谐电路中,以及与电感器组成振荡电路,电力电容器还应用于一些特殊的电力场合,见表 3-14。

表 3-14　电容器的特殊应用

名　称	外形图	特殊功能
高电压并联电容器		高电压并联电容器用于工频(50 Hz 或 60 Hz)1 kV 及以上交流电力系统中,提高功率因数,改善电网质量
电热电容器		电热电容器主要用于中频感应加热电气系统中,提高功率因数或改善回路特性
电感电阻型限流器		电感电阻型限流器用于交流 50 Hz,标称电压为 6 kV,10 kV,35 kV 的电力系统中,与电容器串联,以达到限制并联电容器组的合闸涌流,消除电力系统短路时电容器放电电流的助增影响

【任务评价】

任务内容	任务要求	完成情况		
		能独立完成	能在老师指导下完成	不能完成
电容识别	能正确识别电容			
电容极性判别	能直接或正确使用仪器仪表对电容的极性进行判断			
电容质量判别	能正确使用仪器仪表对电容质量的好坏进行判断			
自我评价				
教师评价				
任务总评				

【知识巩固】

1. 什么叫电容器？什么是电容器的电容？平行板电容器的电容与哪些因素有关？电容器如何充电与放电？写出电容器充电所储存的电场能的计算公式。

2. 电容器的连接方式有串联和并联，完成下表。

连接方式		串　联	并　联
特点	电量		
	电压		
	电容		
应　用			

3. 什么叫瞬态过程？什么是换路定律？什么是时间常数？

4. 如何用万用表检测电容器的质量？

任务二　认识磁场与电磁感应

【任务分析】

　　本任务是学习磁场与电磁感应,让同学们知道磁与电是密不可分的,是电磁学重要的部分,也是为后面学习交流电打下基础。在任务学习中,应该多注意培养自己分析、思考物理现象的能力,着重培养如何观察并分析出具体现象背后的规律,并运用规律有步骤地去分析、解决实际问题。

【知识准备】

　　一、磁体、磁场与磁极

　　1. 磁体

　　物体具有吸引铁、钴、镍等物质的性质称为磁性。具有磁性的物体称为磁体。磁体分为天然磁体和人造磁体。常见的条形磁铁、蹄形磁铁、针形磁铁等都是人造磁体,如图 3-12 所示。

　　2. 磁极

　　磁体两端磁性最强的区域称为磁极。实验证明:任何磁体都有两个磁极,磁针经常指向北方的一端称为北极,用字母 N 表示;经常指向南方的一端称为南极,用字母 S 表示,如图 3-13所示。N 极和 S 极总是成对出现并且强度相等,不存在独立的 N 极和 S 极。

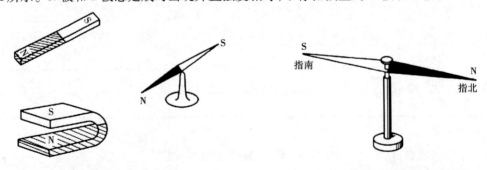

图 3-12　常见的人造磁体　　　　　　　图 3-13　磁针的指向

　　3. 磁的相互作用

　　用一个条形磁铁靠近一个悬挂的小磁针(或条形磁铁),如图 3-14 所示。条形磁铁的 N 极靠近小磁针的 N 极,小磁针 N 极一端马上被条形磁铁排斥;当条形磁铁的 N 极靠近小磁针的 S 极时,小磁针的 S 极一端立刻被条形磁铁吸引。这说明磁极之间存在相互作用力,同名磁极互相排斥,异名磁极互相吸引。

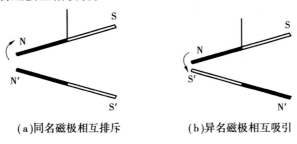

<table>
<tr><td>(a)同名磁极相互排斥</td><td>(b)异名磁极相互吸引</td></tr>
</table>

图 3-14　磁极之间存在相互作用力

4. 磁场

磁极之间存在的相互作用力是通过磁场传递的。磁场是磁体周围存在的特殊物质。磁场与电场一样是一种特殊物质。磁场也有方向。在磁场中某点放一个能自由转动的小磁针,小磁针静止时 N 极所指的方向,就是该点磁场的方向。

5. 磁感线

为了形象地看到磁场强弱和方向的分布情况,可将条形磁铁、U 形磁铁放在撒满一层铁屑的玻璃上,当轻轻敲打玻璃时,铁屑就会逐步排列成无数的细条,形成一幅“美妙”的图案,如图 3-15 所示。

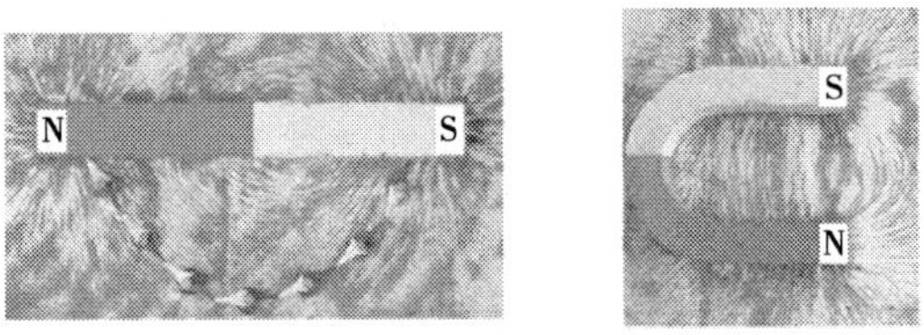

<table>
<tr><td>(a)条形磁铁</td><td>(b)U形磁铁</td></tr>
</table>

图 3-15　磁铁的磁场

从图案中可以清楚地看到,在磁体两极处铁屑聚集最多,说明磁性作用最强;而在磁体中部铁屑聚集较少,说明磁性作用较弱。这种形象地描绘磁场的曲线称为磁感线,也称磁力线。磁体两极外铁屑最多,用较密的磁感线来表示;而其他地方铁屑稀少,则用较稀的磁感线来表示。如图 3-16 所示为磁铁的磁感线分布,磁感线具有以下 3 个特征:

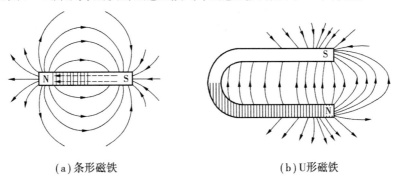

<table>
<tr><td>(a)条形磁铁</td><td>(b)U形磁铁</td></tr>
</table>

图 3-16　磁铁的磁感线分布

①磁感线是互不相交的闭合曲线,在磁铁外部,磁感线从 N 极到 S 极;在磁铁内部,磁感线从 S 极到 N 极。

②磁感线的疏密反映磁场的强弱。磁感线越密表示磁场越强,磁感线越疏表示磁场越弱。

③磁感线上任意一点的切线方向,就是该点的磁场方向。

二、电流的磁效应

1. 电流的磁效应

电与磁有密切联系。1820 年,奥斯特从实验中发现:放在导线旁边的小磁针,当导线通过电流时,磁针会受到力的作用而偏转。这说明通电导体周围存在磁场,即电流具有磁效应。电流的磁效应说明:磁场是电荷运动产生的。安培提出了著名的分子电流假说,提示了磁现象的电本质,即磁铁的磁场与电流的磁场一样,都是由电荷运动产生的。

2. 安培定则

通电导体周围的磁场方向,即磁感线方向与电流的关系可以用安培定则来判断,安培定则也称右手螺旋法则。

(1)直线电流的磁场

直线电流磁场的磁感线是导线上各点为圆心的同心圆,这些同心圆都在与导线垂直的平面上,如图 3-17(a)所示。磁感线方向与电流的关系用安培定则判断:用右手握住通电直导线,让伸直的大拇指指向电流方向。那么,弯曲的四指所指的方向就是磁感线的环绕方向,如图 3-17(b)所示。

(2)通电螺线管的磁场

通电螺线管表现出来的磁性类似条形磁铁,一端相当于 N 极,另一端相当于 S 极。通电螺线管磁场方向判断方法是:用右手握住通电螺线管,让弯曲的四指指向电流方向。那么,大拇指所指的方向就是螺线管内部磁感线的方向,即大拇指指向通电螺线管的 N 极,如图 3-18所示。

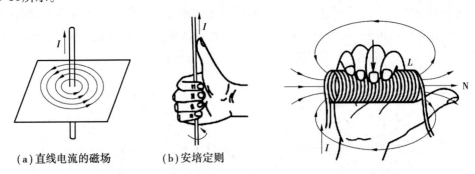

(a)直线电流的磁场　　　　(b)安培定则

图 3-17　通电直导线的磁场方向　　　图 3-18　通电螺线管的磁场方向

三、磁场的基本物理量

1. 磁通

磁感线的疏密定性地表示了磁场在空间的分布情况。磁通是定量地描述磁场在一定面积的分布情况的物理量。

通过与磁场方向垂直的某一面积上的磁感线的总数称为通过该面积的磁通量,简称磁通,用字母 Φ 表示。磁通的单位是韦[伯],用符号 Wb 表示。

2. 磁感应强度

磁感应强度是定量地描述磁场中各点的强弱和方向的物理量。

与磁场方向垂直的单位面积上的磁通称为磁感应强度,也称磁通密度,用字母 B 表示。磁感应强度的单位是特[斯拉],用符号 T 表示。

在匀强磁场中,磁感应强度与磁通的关系可以用公式表示为

$$B = \frac{\Phi}{S}$$

式中　B——匀强磁场的磁感应强度,T;

　　　Φ——与 B 垂直的某一面积上的磁通,Wb;

　　　S——与 B 垂直的某一截面积,m^2。

3. 磁导率

磁导率就是一个用来表示媒介质导磁性能的物理量,用字母 μ 表示,单位是亨[利]每米,用符号 H/m 表示。不同的媒介质有不同的磁导率。实验测定,真空中的磁导率是一个常数,用 μ_0 表示,即

$$\mu_0 = 4\pi \times 10^{-7} \text{ H/m}$$

为了便于比较各种物质的导磁性能,任一物质的磁导率 μ 与真空磁导率 μ_0 的比值,称为相对磁导率,用 μ_r 表示,即

$$\mu_r = \frac{\mu}{\mu_0} \quad 或 \quad \mu = \mu_0 \mu_r$$

相对磁导率只是一个比值,它表明在其他条件相同的情况下,媒介质的磁感应强度是真空的多少倍。几种常见的磁物质的相对磁导率见表 3-15。

表 3-15　几种常见的磁物质的相对磁导率

铁磁物质	相对磁导率	铁磁物质	相对磁导率
钴	174	硅钢片	7 000 ~ 10 000
未经退火的铸铁	240	镍铁铁氧体	1 000
已经退火的铸铁	620	真空中熔化的电解铁	12 950
镍	1 120	镍铁合金	60 000
软钢	2 180	坡莫合金	115 000

4. 磁场强度

磁场中各点的磁感应强度 B 与磁导率 μ 有关,计算比较复杂。为方便计算,引入磁场强度这个新的物理量来表示磁场的性质,用字母 H 表示。磁场中某点的磁场强度等于该点的磁感应强度与媒介质的磁导率的比值,即

$$H = \frac{B}{\mu} \quad 或 \quad B = \mu H$$

磁感应强度的单位是安每米,用符号 A/m 表示。

四、磁场对电流的作用

1. 磁场对通电直导体的作用

如图 3-19 所示,把一根直导线 AB 垂直放入大盖蹄形磁铁的磁场中。当导体未接通电流时,导体不会运动。如果接通电源,当电流从 B 流向 A 的时候,导线立即向磁铁外侧运动。若改变导体电流方向,则导体会向相反方向运动。通电导体在磁场中所受的作用力称为电磁力,也称安培力。从本质上讲,电磁力是磁场与通电导线周围形成的磁场相互作用的结果。

实验证明:在匀强磁场中,当通电导体与磁场方向垂直时,电磁力的大小与导体中的电流大小成正比,与导体在磁场中的有效长度及载流导体所在的磁感应强度成正比,用公式表示为

$$F = BIL$$

实验证明:当导线和磁感线方向成 α 角时,如图 3-20 所示。则电磁力的大小为

$$F = BIL \sin \alpha$$

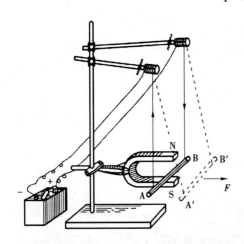

图 3-19　通电导线在磁场中的运动

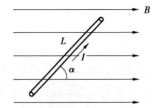

图 3-20　导线和磁感线方向成 α 角

【友情提示】

当导体与磁感线方向平行时,导体受到的电磁力为零;当导体与磁感线方向垂直时,导体受到的电磁力最大。

通电导线在磁场中受到的电磁力的方向,可以用左手定则来判断,如图 3-21 所示。

左手定则:伸出左手,让大拇指与四指在同一平面内,大拇指与四指垂直,让磁感线垂直穿过手心,四指指向电流方向,大拇指所指的方向就是磁场对通电导线的作用力方向。

2. 磁场对通电矩形线圈的作用

如图 3-22 所示为直流电动机原理图。一矩形线圈 abcd 放在磁场中,直流电流通过电刷和换向器能入线圈,线圈的两个有效边 ab,cd 受到的电磁力的方向如图 3-22 所示。它们是一对大小相等、方向相反、作用力不在同一直线上的力偶。线圈在力偶作用下,绕转轴 OO′ 转动。理论和实践证明:线圈的力偶矩,即转矩的大小为

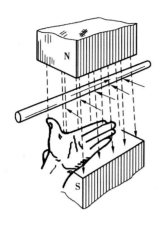

图 3-21 左手定则

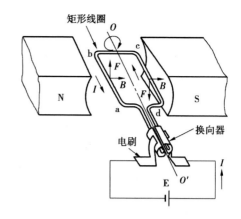

图 3-22 直流电动机原理图

$$M = BIS \cos \alpha$$

式中 M——线圈的力偶矩(转矩),N·m;

$\quad\quad B$——匀强磁场的磁感应强度,T;

$\quad\quad I$——通过线圈的电流,A;

$\quad\quad S$——线圈在磁场中的面积,m^2;

$\quad\quad \alpha$——线圈平面与磁感线的夹角。

【友情提示】

当线圈平面与磁感线平行时,线圈的转矩为最大;当线圈平面与磁感线垂直时,线圈的转矩为零。

五、电磁感应

1. 电磁感应现象

对于电磁感应现象,可通过两个实验来认识与观察。

实验1 如图 3-23 所示,在匀强磁场中放置一根导体 AB,导体 AB 的两端分别与灵敏电流计的接线柱连接形成闭合回路。当导线 AB 在磁场中作切割磁感线运动时,电流计指针偏转,表明闭合回路有电流流过;当导线 AB 平行于磁感线方向运动时,电流计指针不偏转,表明闭合回路没有电流流过。

实验结论:闭合回路中的一部分导体相对于磁场作切割磁感线运动时,回路中有电流流过。

实验2 如图 3-24 所示,空心线圈的两端分别与灵敏电流计的接线柱连接形成闭合回路。当用条形磁铁快速插入线圈时,电流计指针偏转,表明闭合回路有电流流过;当条形磁铁静止不动时,电流计指针不偏转,表明闭合回路没有电流流过;当条形磁铁快速拔出线圈时,电流计指针偏转,表明闭合回路有电流流过。

实验结论:闭合回路中的磁通发生变化时,回路中有电流流过。

因此,不论是闭合回路的一部分导体作切割磁感线运动,还是闭合回路中的磁场发生变化,穿过线圈的磁通将发生变化。由此可以得出结论:不论用什么方法,只要穿过闭合回路

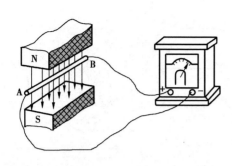
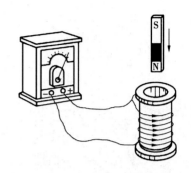

图 3-23　导体相对于磁场作切割磁感线运动　　图 3-24　条形磁铁在磁场中运动

的磁通发生变化,闭合回路就有电流产生。这种利用磁场产生电流的现象称为电磁感应现象,用电磁感应的方法产生的电流称为感应电流。

2. 法拉第电磁感应定律

要使闭合回路有电流流过,电路中必须有电源,电流是由电动势产生的。在电磁感应现象中,既然闭合回路有感应电流,这个回路中就有电动势存在。在电磁感应现象中产生的电动势称为感应电动势。产生感应电动势的那部分导体相当于电源,如图 3-23 所示的导体 AB,图 3-24 所示的线圈就相当于电源。只要知道感应电动势的大小,就可根据闭合电路的欧姆定律计算感应电流。

实验证明:感应电动势的大小与磁通变化的快慢有关。磁通变化的快慢称为磁通的变化率,即单位时间内磁通的变化量。法拉第电磁感应定律的内容是电路中感应电动势的大小,与穿过这一电路的磁通的变化率成正比,用公式表示为

$$e = \frac{\Delta\Phi}{\Delta t}$$

如果线圈的匝数有 N 匝,那么线圈的感应电动势为

$$e = N\frac{\Delta\Phi}{\Delta t}$$

式中　e——线圈在 Δt 时间内产生的感应电动势,V;

　　　$\Delta\Phi$——线圈在 Δt 时间内磁通的变化量,Wb;

　　　Δt——磁通变化所需要的时间,s;

　　　N——线圈的匝数。

3. 右手定则

闭合回路的一部分导体作切割磁感线运动时,感应电流(感应电动势)的方向可用右手定则来判断。

右手定则:伸出右手,让大拇指与四指在同一平面内,大拇指与四指垂直,磁感线垂直穿过手心,大拇指指向导体运动方向,四指所指的方向就是感应电流的方向,如图 3-25 所示。

4. 楞次定律

通过以上实验表明:当穿过线圈中的磁通量发生变化时,在线圈回路中会产生感应电动势和感应电流。

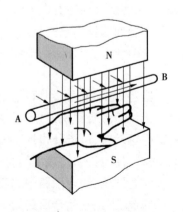

图 3-25　右手定则

楞次定律指出了变化的磁通与感应电动势在方向上的关系,即感应电流产生的磁通总是阻碍原磁通的变化。楞次定律提供了判断感应电动势或感应电流方向的方法。具体步骤如下:

①首先判断原磁场的方向及其变化趋势(增加或减少)。

②应用楞次定律确定感应电流产生的感应磁通的方向(如果原磁通是增加的,则感应磁通方向与原磁通方向相反;如果原磁通是减少的,则感应磁通方向与原磁通方向相同)。

③根据感应磁通方向,用安培定则确定线圈中感应电动势或感应电流的方向。

注意:判断时必须把产生感应电动势的线圈或导体看成一个电源。在线圈或导体内部,感应电流方向与感应电动势的方向相同,即由"负极"指向"正极"。

5. 涡流

把块状金属放在交变磁场中,金属块内将产生感应电流。这种电流在金属块内自成回路,像水的旋涡,故称为涡电流,简称涡流。

由于整块金属电阻很小,因此涡流很大,不可避免地使铁芯发热,温度升高,引起材料绝缘性能下降,甚至破坏绝缘造成事故。铁芯发热还使一部分电能转换为热能白白浪费,这种电能损失称为涡流损失。

在电动机、电器的铁芯中,完全消除涡流是不可能的,但可以采取有效措施尽可能地减小涡流。为减小涡流损失,电动机和变压器的铁芯通常不用整块金属,而用涂有绝缘漆的薄硅钢片叠压制成。这样涡流被限制在狭窄的薄片内,回路电阻很大,涡流大为减小,从而使涡流损失大大降低。

铁芯采用硅钢片,是因为这种钢比普通钢电阻率大,可以进一步减小涡流损失,硅钢片的涡流损失只有普通钢片的1/5～1/4。

【任务实施】

一、看一看

根据所提供的铜丝自制螺旋管,在螺旋管的一端放一颗小磁针,当给螺旋管加上电压(正向电压:左正右负,反向电压:左负右正),观察小磁针的变化情况,将观察的结果进行分析填入表3-16中。

表3-16　小磁针变化情况及原因

电压方向	小磁针变化情况	原因分析
正向		
反向		

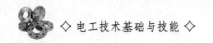

二、练一练

根据如图 3-23 和图 3-24 所示的两个电磁感应现象实验,学生自行按图接线,观察电流计指针摆动情况及原因分析填入表 3-17 中。

表 3-17　电流计指针摆动情况及原因分析

实验一 (见图 3-23)			实验二 (见图 3-24)		
导体 运动情况	电流计 指针摆动情况	原因分析	磁铁 运动情况	电流计 指针摆动情况	原因分析
在磁场中 左右运动			插入或 拔出线圈		
在磁场中 不动			插入线圈 中不动		

三、做一做

让学生做一做简单的电动机,构造装置很简单(见图 3-26):两个曲别针作支架,一节电池、一小块磁铁和一段铜丝绕成线圈。将线圈放到支架上,电路就接通了,线圈就会欢快地转动起来。将制作的相关数据及过程中遇到的问题及困难填入表 3-18 中。

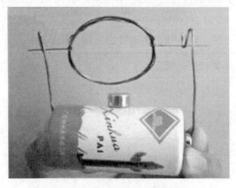

图 3-26　简单的电动机结构装置

表 3-18　简单电动机的制作情况

线圈匝数	
电池电压	
线圈绕制方法	
问题及困难	
解决方法	
是否成功	
原因分析	

【任务评价】

任务内容	任务要求	完成情况		
		能独立完成	能在老师指导下完成	不能完成
磁极	能正确判断磁极			
磁场方向	能正确判断磁场方向			
运动方向	能正确判断通电直导线磁场中的运动方向			
感应电动势	能正确判断线圈中感应电动势的方向			
自我评价				
教师评价				
任务总评				

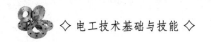
【知识巩固】

1. 什么叫磁体和磁极？磁极之间的相互作用力怎样？磁感线如何形象地描述磁场？

2. 什么叫电流的磁效应？电流产生的磁场方向如何判断？

3. 定性描述磁场的物理量有哪些？在匀强磁场中，磁通与磁感应强度的关系是什么？写出它们的关系式。什么叫磁导率？什么叫磁场强度？

4. 磁场对通电直导线的作用力方向如何判断？写出作用力大小的表达式。

5. 什么叫电磁感应现象？什么叫感应电动势？什么叫感应电流？产生电磁感应现象的条件是什么？

6. 法拉第电磁感应定律的内容是什么？如何用右手定则判断感应电动势的方向？

任务三　电感器的识别与应用

【任务分析】

电感器是电路的 3 种基本元件之一。用导线绕制而成的线圈就是一个电感器。电感器也是一个储能元件。与电容相比，电感器有哪些特点？电感器的主要参数有哪些？如何判断电感器的质量？

【知识准备】

一、电感器的外形与图形符号

将导线一圈靠一圈地绕在绝缘管上，导线彼此互相绝缘，而绝缘管可以是空心的，也可以包含铁芯或磁粉芯，这样就构成了电感器，简称电感。电感器是电子元件中比较常用的元件，通常用在高频电路和滤波电路及电压变换电路中，电感器分为两大类，一类是自感线圈，另一类是互感线圈。凡是能产生电感作用的原件统称为电感元件，常用的电感元件有固定电感器，阻流圈，电视机永行线性线圈，行、帧振荡线圈，偏转线圈，录音机上的磁头，延迟线等。常见的电感器的外形与图形符号见表3-19。

表 3-19　常见电感器的外形与图形符号

名称	实物外形	图形符号
空心电感器		
磁芯电感器		
铁芯电感器		
可调电感器		
带抽头电感器		

【友情提示】

可调电感器是通过调节磁芯在线圈中的位置来改变电感量的,磁芯进入线圈内部越多,电感量就越大。如果电感器没有磁芯,可通过减少或增多线圈的匝数来降低或提高电感器的电感量。另外,改变线圈之间的疏密程度也能调节电感量。

二、电感器的主要参数

电感器的主要参数有电感量、误差、品质因数、额定电流等。

1. 电感量(自感系数)

(1)自感现象

自感现象也可通过两个实验来观察。

实验1 如图 3-27 所示,HL_1,HL_2 是两个完全相同的灯泡,L 是一个电感较大的线圈,调节可变电阻 R 使灯泡 HL_1,HL_2 亮度相同。当开关 S 闭合瞬间,与可变电阻 R 串联的灯泡 HL_2 立刻正常发光,与电感线圈 L 串联的灯泡 HL_1 则逐渐变亮。

分析:在开关 S 闭合瞬间,通过线圈的电流由 0 增大,穿过线圈的磁通也随着增大。根据电磁感应定律,线圈中必然产生感应电动势。因此,通过 HL_1 的电流要逐渐增大,故 HL_1 逐渐变亮。

实验2 如图 3-28 所示,灯泡 HL 与铁芯线圈 L 并联在直流电源上。当开关 S 闭合后,灯泡正常发光,接着立即将开关 S 断开。在开关 S 断开的瞬间,灯光不是立即熄灭,而是发出更强的光,然后再慢慢熄灭。

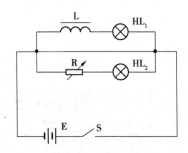

图 3-27　自感现象实验 1

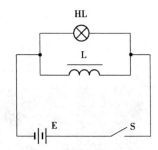

图 3-28　自感现象实验 2

分析:在开关 S 断开瞬间,通过线圈的电流突然减小,穿过线圈的磁通也随着减小,线圈产生很大的感应电动势,与 HL 组成闭合电路,产生很强的感应电流,使灯泡发出短暂的强光。

从上面的实验可以发现,当电感器内部的电流变化时,线圈本身就产生了感应电动势,这个电动势总是阻碍线圈中电流的变化。这种由于线圈本身电流发生变化而产生电磁感应的现象称为自感现象,简称自感。在自感现象中产生的感应电动势称为自感电动势。

(2)自感系数

自感电动势的大小除了与流过线圈的电流变化快慢有关以外,还与线圈本身的特性有关。对于相同的电流,若线圈的尺寸、匝数等发生变化,则产生的自感电动势也随之发生变化。这种线圈的特性用自感系数来表示。自感系数简称电感,用字母 L 表示。电感的单位是亨[利],用符号 H 表示。常用单位有毫亨(mH)、微亨(μH),其关系为

$$1 \text{ H} = 10^3 \text{ mH} = 10^6 \text{ μH}$$

线圈的电感是由线圈本身的特性所决定的。它与线圈的尺寸、匝数和媒介质的磁导率有关,而与线圈中有无电流及电流的大小无关。线圈的横截面积越大,线圈越长,匝数越多,它的电感就越大。有铁芯的线圈的电感比空心线圈要大得多,工程上常在线圈中放置铁芯或磁芯来获得较大的电感。

(3)磁场能

电感线圈也是一个储能元件,当线圈中有电流时,线圈中就要储存磁场能量,通过线圈的电流越大,储存的能量越多;在相同电流的线圈中,电感越大的线圈,储存的能量越多。因此,线圈的电感也反映了它储存磁场能量的能力。

理论和实验证明:线圈中储存的磁场能量与通过线圈的电流的平方成正比,与线圈的电感成正比,用公式表示为

$$W_L = \frac{1}{2}LI^2$$

2. 误差

误差是指电感器上的标称电感量与实际电感量的差距。对于精度要求高的电路,电感器的允许误差范围通常为 $\pm 0.2\% \sim \pm 0.5\%$,一般的电路可采用误差为 $\pm 10\% \sim \pm 15\%$ 的电感器。对于某些要求电感量精度很高的场合,一般只能在绕制后用仪器测试,通过调节靠近边缘的线圈匝间距离或线圈中的磁芯位置来实现。

3. 品质因数(Q 值)

品质因数也称 Q 值,是衡量电感器质量的主要参数,用来表示线圈损耗的大小,高频线圈通常为 $50 \sim 300$。品质因数是指当电感器两端加某一频率的交流电压时,其感抗 X_L($X_L = 2\pi fL$)与直流电阻 R 的比值,用公式表示为

$$Q = \frac{X_L}{R}$$

从上式中可知,感抗越大或直流电阻越小,品质因数就越大。感抗的大小与电感有关,电感越大,感抗越大。

【友情提示】

　　提高品质因数既可通过提高电感器的电感来实现,也可通过减小电感器线圈的直流电阻来实现。对调谐回路线圈的 Q 值要求较高,用高 Q 值的线圈与电容组成的谐振电路有更好的谐振特性;用低 Q 值线圈与电容组成的谐振电路,其谐振特性不明显。对耦合线圈,要求可低一些,对高频扼流圈和低频扼流圈,则无要求。Q 值的大小,影响回路的选择性、效率、滤波特性以及频率的稳定性。一般均希望 Q 值大,但提高线圈的 Q 值并不是一件容易的事,因此应根据实际使用场合,对线圈 Q 值提出适当的要求。为了提高线圈的品质因数 Q,可采用镀银铜线,以减小高频电阻;用多股的绝缘线代替具有同样总截面的单股线,以减少集肤效应;采用介质损耗小的高频瓷为骨架,以减小介质损耗。采用磁芯虽增加了磁芯损耗,但可以大大减小线圈匝数,从而减小导线直流电阻,对提高线圈 Q 值有利。

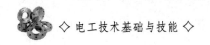

4. 额定电流

额定电流是指电感器在正常工作时允许通过的最大电流值。电感器在使用时,流过电流不能超过额定电流,否则电感器就会因发热而使性能参数发生改变,甚至会因过流而烧坏。

三、电感器的标注方法

电感器的标注方法主要有直标法、文字符号法、数码法和色标法。具体标注方法见表3-20。

表 3-20　电感器的标注方法

名　称	概　述	案　例	备　注
直标法	电感器采用直标法时,一般会在外壳上标注电感量、额定电流和误差	B　Ⅱ　390 μH C Ⅱ　330 μH 从上至下分别表示:电感量390 μH,330 μH 额定电流150 mA,300 mA 误差均为 ±10%	采用直标法时,电感量直接标出,额定电流用A,B,C,D,E分别表示 50 mA,150 mA,300 mA,0.7 A,1.6 A,误差分别用Ⅰ,Ⅱ,Ⅲ表示 ±5％,±10％,±20％
文字符号法	用文字符号表示电感的标称电感容量及允许偏差,当其单位为 μH 时用"R"同电感的文字符号,其他与电阻器标注相同	1R0J 表示:电感量1.0 μH 误差 ±5% 6R8 表示:电感量6.8 μH	这里注意电感器另一种误差标注方法,就是用J,K,M等表示 ±5％,±10％,±20％等,与电阻的标注一致
数码法	电感器的数码标注法与电阻器一样,前面的两位数为有效数,第3位为倍乘,单位 μH	561 表示:电感量 56×10^1 μH	具体方法参照电阻器的标注方法

续表

名　称	概　述	案　例	备　注
色标法	色标法是采用色点或色环在电感器上表示电感量和误差的方法,单位 μH	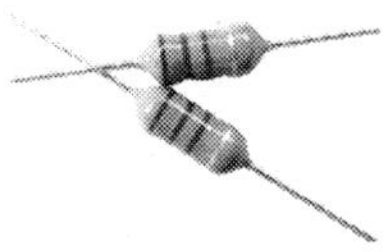 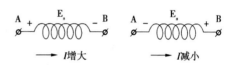 颜色为:棕、绿、红、银电感量 15×10^2 μH 误差 ±10%	具体方法参照电阻器的标注方法

四、电感器的性质

电感器的主要性质有"通直阻交"和"阻碍变化的电流"。

1. 电感器的"通直阻交"性质

电感器的"通直阻交"性质是指电感器对通过的直流电阻碍很小,直流电可很容易地通过电感器,而交流电通过电感器时会受到较大的阻碍。这种阻碍称为感抗,具体解释详见项目四交流电路。

2. 电感器的"阻碍变化的电流"性质

当变化的电流流过电感器时,电感器会产生自感电动势来阻碍变化的电流。具体分析前面已经讲解,在此不重复,方向的判断详见楞次定律。为了让大家更透彻地理解电感器的这个性质,再来看如图 3-29 所示的两个例子。

图 3-29　电感器性质说明图

在图 3-29 的电路中,当流过电感器的电流是逐渐增大时,电感器会产生 A 正 B 负的电动势阻碍电流增大(可理解为 A 点为正时,A 点的电位升高,电流通过较为困难);当流过电感器的电流是逐渐减小时,电感器会产生 A 负 B 正的电动势阻碍电流减小(可理解为 A 点为负时,A 点的电位降低,吸引电流流过来,阻碍它减小)。

五、电感器的种类

电感器的种类较多,下面主要介绍几种典型的电感器。

1. 可调电感器

可调电感器是指电感量可以调节的电感器。它是通过调节磁芯在线圈中的位置来改变电感量的,磁芯进线圈内部越多,电感器的电感量就越大。如果没有磁芯,可以通过减少或增加线圈的匝数来降低或提高电感器的电感量;另外,改变线圈之间的疏密程度也能调节电感量。

2. 高频扼流圈

高频扼流圈又称高频阻流圈,它是一种电感量很小的电感器,常用在高频电路中。其作用是"阻高频,通低频",即当输入高、低频信号和直流信号时,高频信号不能通过,低频信号和直流信号能通过。

3. 低频扼流圈

低频扼流圈又称低频阻流圈,它是一种电感量很大的电感器,常用在低频电路中(如音频电路和电源滤波电路)。其作用是"阻低频,通直流",即当输入高、低频信号和直流信号时,高、低频信号均不能通过,只有直流信号能通过。

4. 色码电感器

色码电感器是一种高频电感线圈,它是在磁芯上绕上一定匝数漆包线,再用环氧树脂或塑料封装而制成的。其工作频率范围一般为 10 kHz ~ 200 MHz,电感量为 0.1 ~ 3 300 μH。色码电感器是具有固定电感量的电感器,其电感量标注与识读方法与色环电阻相同,前面已经讲解,在此不作重复。

六、电感器的测量

电感器的电感量和 Q 值一般用专门的电感测量仪和 Q 表来测量,一些功能齐全的万用表也具有电感量的测量功能。

电感器的常见故障有开路和线圈匝间短路。电感器实际上就是线圈,由于线圈的电阻一般比较小,测量时一般用万用表 R×1 Ω 挡。

【友情提示】

线径粗、匝数少的电感器电阻小,接近于 0 Ω;线径细、匝数多的电感器阻值较大。在测量电感器时,万用表可以很容易地检测出是否开路(开路时测出的电阻为无穷大),但难判断它是否匝间短路,因为电感器匝间短路时电阻减小很少,解决方法是:当怀疑电感器匝间有短路,万用表又无法测出时,可更换新的同型号电感器,故障排除则说明原电感器已损坏。

七、电感器的选用

在选用电感器时,要注意以下 7 点:

①选用电感器的电感量必须与电路要求一致,额定电流选大一些不会影响电路。

②选用电感器的工作频率要适合电路。低频电路一般选用硅钢片铁芯或铁氧体磁芯的电感器,而高频电路一般用高频铁氧体磁芯或空心的电感器。

③对于不同的电路,应该选用相应性能的电感器。要检修电路时,如果遇到损坏的电感器,并且该电感器的功能比较特殊,通常需要用同型号的电感器更换。

④在更换电感器时,不能随意改变电感器的线圈匝数、间距和形状等,以免电感器的电感量发生变化。

⑤对于可调电感器,为了让它在电路中达到较好的效果,可将电感器接在电路中进行调节。调节时可借助专门的设备(如 Q 表、交流电桥等),也可以根据实际情况凭直觉调节,如调节电视机中与图像处理有关的电感器时,可以一边调节电感器磁芯,一般观察画面质量,质量最佳时调节就最准确。

⑥对于色码电感器或小型固定电感器,当电感量相同、额定电流相同时,一般可以代换。

⑦对于有屏蔽罩的电感器,在使用时需要将屏蔽罩与电路接地线相连接,以提高电感器

的抗干扰性。

【任务实施】

一、认一认

仔细观察各种不同类型、规格的电感器的外形,从所给的电感器中任选 5 个,将电感器名称、特点填入表 3-21 中。

表 3-21　电感器的识别

序　号	1	2	3	4	5
名称					
符号					
电感量					
误差					

二、查一查

用万用表检测电感器的质量,将结果填入表 3-22 中。

表 3-22　电感器的质量判断

序　号	万用表量程	测量值	质量判断
1			
2			
3			
4			

【任务拓展】

一、固定小型电感器型号命名、规格参数标志方法

1. 固定小型电感器型号命名方法

固定小型电感器型号命名由以下 4 部分组成:

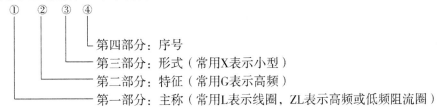

① ② ③ ④

第四部分:序号

第三部分:形式（常用X表示小型）

第二部分:特征（常用G表示高频）

第一部分:主称（常用L表示线圈,ZL表示高频或低频阻流圈）

例如：

2. 固定小型电感器规格参数标志方法

固定小型电感器规格参数标志由以下 4 部分组成：

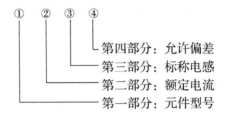

例如：

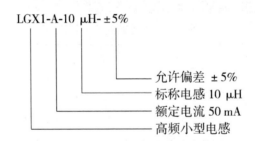

【任务评价】

任务内容	任务要求	完成情况		
		能独立完成	能在老师指导下完成	不能完成
电感识别	能正确识别电感			
电感质量判别	能正确使用仪器仪表，对电感质量的好坏进行判断			
自我评价				
教师评价				
任务总评				

【知识巩固】

1. 电感器的参数有哪些?
2. 电感器的种类有哪些?
3. 电感器的标注方法有哪些?
4. 电感器的性质有哪些?
5. 如何识别电感器?
6. 如何用万用表检测电感器的质量?

任务四　认识变压器与电动机

【任务分析】

互感现象是一种特殊的电磁感应现象。自感是线圈自身变化产生的电磁感应现象,与自感现象相比,互感现象反映的是两个或多个线圈发生的电磁感应,两者的本质是一样的。什么是互感现象? 什么叫同名端? 变压器和电动机又是如何工作的呢? 如何对其进行检测呢? 电动机的拆卸与装配又该如何进行呢? 这都将在本任务中完成。

【知识准备】

一、变压器

1. 外形与图形符号

变压器可改变交流电压或交流电流的大小。常见变压器的实物外形及图形符号如图 3-30 所示。

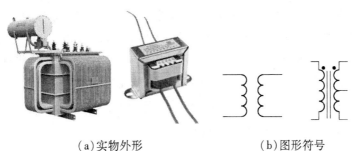

（a）实物外形　　　　（b）图形符号

图 3-30　变压器

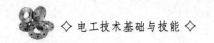

2. 结构、原理和功能

（1）结构

两组相距很近、又互相绝缘的线圈就构成了变压器。变压器的结构如图3-31所示。从图3-31可知，变压器主要由绕组和铁芯组成。绕组通常是由漆包线（在表面涂有绝缘层的导线）或纱包线绕制而成，与输入信号连接的绕组称为一次绕组（或称为初级绕组），输出信号的绕组称为二次绕组（或称为次级绕组）。

（2）工作原理

变压器是利用互感原理工作的。下面以图3-32所示的电路来说明变压器的工作原理。

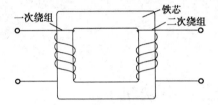

图3-31　变压器的结构示意图

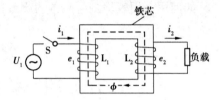

图3-32　变压器工作原理说明图

当开关S闭合，交流电压U_1送到变压器的一次绕组L_1两端时（L_1的匝数为N_1），有交流电流i_1流过L_1，L_1马上产生磁场，磁场的磁感应线沿着导磁良好的铁芯穿过二次绕组L_2（其匝数为N_2），有磁感应线穿过L_2，L_2马上产生感应电动势e_2。此时，L_2相当于一个电源。由于L_2与电阻R连接成闭合电路，L_2就有交流电流i_2输出并流过电阻R，R两端电压为U_2。

变压器的一次绕组进行电—磁转换，二次绕组进行磁—电转换。

（3）功能

变压器可改变交流电压的大小，也可改变交流电流的大小。

①改变交流电压。

变压器既可以升高交流电压，也能降低交流电压。在忽略电能损耗的情况下，变压器一次电压U_1、二次电压U_2与一次绕组匝数N_1、二次绕组匝数N_2的关系为

$$\frac{U_1}{U_2} = \frac{N_1}{N_2} = n$$

式中，n称为匝数比或电压比。由上式可知以下3点：

a. 当二次绕组的匝数N_2多于一次绕组的匝数N_1时，二次电压U_2就会高于一次电压U_1。即$n < 1$时，变压器可以提升交流电压，故电压比$n < 1$的变压器称为升压变压器。

b. 当二次绕组的匝数N_2少于一次绕组的匝数N_1时，二次电压U_2就会低于一次电压U_1。即$n > 1$时，变压器可以降低交流电压，故电压比$n > 1$的变压器称为降压变压器。

c. 当二次绕组的匝数N_2等于一次绕组的匝数N_1时，二次电压U_2就会等于一次电压U_1。即$n = 1$时，这种变压器虽然不能改变电压大小，但能对一次、二次电路进行电气隔离，故电压比$n = 1$的变压器常用作隔离变压器。

②改变交流电流。

变压器不但能改变交流电压的大小，还能改变交流电流的大小。由于变压器对电能损

耗很少,可忽略不计,故变压器的输入功率 P_1 与输出 P_2 相等,即

$$P_1 = P_2$$

$$U_1 I_1 = U_2 I_2$$

$$\frac{U_1}{U_2} = \frac{I_2}{I_1}$$

从上式可知,变压器的一次、二次电压与一、二次电流成反比。若提升了二次电压,就会使二次电流减小;反之,降低二次电压,二次电流就会增大。

综上所述,对于变压来说,匝数越多的线圈两端电压越高,电流就越小。例如,某个电源变压器上标注"输入电压 220 V,输出电压 6 V",那么该变压器的一次、二次绕组匝数比 $n = 220/6 = 110/3 \approx 37$,当将该变压器接在电路中时,二次绕组流出的电流是一次绕组流入电流的 37 倍。

3. 种类

变压器的种类较多,可根据铁芯、用途及工作频率等进行分类。

(1)按铁芯种类分类

变压器按铁芯种类不同,可分为空心变压器、磁芯变压器和铁芯变压器。它们的图形符号如图 3-33 所示。

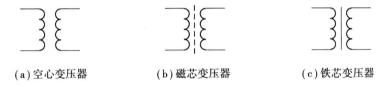

(a)空心变压器　　　　(b)磁芯变压器　　　　(c)铁芯变压器

图 3-33　3 种变压器的图形符号

空心变压器是指一次、二次绕组没有绕制支架的变压器。磁芯变压器是指一次、二次绕组绕在磁芯(如铁氧体材料)上构成的变压器。铁芯变压器是指一次、二次绕组绕在铁芯(如硅钢片)上构成的变压器。

(2)按用途分类

变压器按用途不同,可分为电源变压器、音频变压器、脉冲变压器、恒压变压器、自耦变压器及隔离变压器等。

(3)按工作频率分类

变压器按工作频率不同,可分为低频变压器、中频变压器和高频变压器。

● 低频变压器

低频变压器是指用在低频电路中的变压器。低频变压器的铁芯一般采用硅钢片,常见的铁芯形状有 E 形、C 形和环形,如图 3-34 所示。

E 形铁芯的优点是成本低;缺点是磁路中的气隙较大,效率较低,工作时电噪声较大。C 形铁芯是两块形状相同的 C 形铁芯组合而成的,与 E 形铁芯相比,其磁路中的气隙较小,性能有所提高。环形铁芯用冷轧硅钢带卷绕而成,磁路中无气隙,漏磁极小,工作时电噪声较小。

常见的低频变压器有电源变压器和音频变压器,如图 3-35 所示。

(a) E形铁芯   (b) C形铁芯   (c) 环形铁芯

图 3-34　常见的变压器铁芯

图 3-35　常见的低频变压器

电源变压器的功能是提升或降低电源电压。其中降低电压的降压电源变压器较常见，一些手机充电器、小型录音机的外置电源内部都采用降压电源变压器。这种变压器一次绕组匝数多，接 220 V 交流电压；而二次绕组匝数少，输出较低的交流电压。在一些优质的功放机中，常采用环形电源变压器。

音频变压器用在音频信号处理电路中，如收音机、录音机的音频放大电路常用音频变压器来传输信号，当在两个电路之间加接音频变压器后，音频变压器可以将前极电路的信号最大程度传送到后极电路。

● 中频变压器

中频变压器是指用在中频电路中的变压器。无线电设备采用的中频变压器又称为中周，中周是一次、二次绕组绕在尼龙支架（内部装有磁芯）上，并用金属屏蔽罩封闭起来而构成的。中周的外形、结构与图形符号如图 3-36 所示。

图 3-36　中周（中频变压器）

中周常用在收音机和电视机等无线电设备中,主要用来选频(即从众多频率的信号中选出需要频率的信号),调节磁芯在绕组中的位置可以改变一次、二次绕组的电感量,就能选取不同频率的信号。

● 高频变压器

高频变压器是指用在调频电路中的变压器(也称调频变压器)。调频变压器一般采用磁芯或空心,其中采用磁芯的更为多见。最常见的调频变压器就是收音机的磁性天线,其外形和图形符号如图3-37所示。

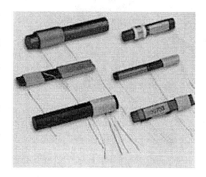

磁性天线的一次、二次绕组都绕在磁棒上,一次绕组匝数很多,二次绕组匝数很少。磁性天线的功能是从空间接收无线电波,当无线电波穿过磁棒时,一次绕组上会感应出无线电波信号电压,该电压再感应到二次绕组上,二次绕组上的信号电压送到电路进行处理。磁性天线的磁棒越长,截面积越大,接收的无线电波信号越强。

图 3-37　磁性天线(调频变压器)

4. 主要参数

变压器的主要参数有电压比、额定功率、频率特性及效率等。

(1)电压比 n

变压器的电压比是指一次绕组电压与二次绕组电压之比,它等于一次绕组匝数与二次绕组匝数的比(前面对电压比作了比较详细的分析,在此不重复讲述)。

(2)额定功率

额定功率是指在规定工作频率和电压下,变压器能长期正常工作时的输出功率。变压器额定功率与铁芯截面积、漆包线的直径等有关,变压器的铁芯截面积越大,漆包线直径越粗,其输出功率就越大。

一般只有电源变压器才有额定功率参数,其他变压器赋予工作电压低、电流小,通常不考虑额定功率。

(3)频率特性

频率特性是指变压器有一定的工作频率范围。不同工作频率范围的变压器,一般不能互换使用,如不能用低频变压器代替高频变压器。当变压器在其频率范围外工作时,会出现温度升高或不能正常工作等现象。

(4)效率

效率是指在变压器接额定负载时,输出功率 P_2 与输入功率 P_1 的比值。变压器效率可用下面的公式计算,即

$$\eta = \frac{P_2}{P_1} \times 100\%$$

η 值越大,表明变压器损耗越小,效率越高,变压器的效率值一般在 $60\% \sim 95\%$。

图 3-38 常见的电源变压器

5. 检测

在检测变压器时,通常要测量各绕组的电阻、绕组间的绝缘电阻、绕组与铁芯之间的绝缘电阻。下面以如图 3-38 所示电源变压器为例来说明变压器的检测方法(注:该变压器输入电压为 220 V、输出电压为 12 V—0 V—12 V、额定容量为 3 VA)。

变压器的测量步骤如下:

第一步　测量各绕组的电阻。

万用表拨在 $R \times 100$ Ω 挡,红、黑表笔分别接变压器的 1,2 端,测量一次绕组的电阻,如图 3-39(a)所示,然后在刻度盘上读出电阻值的大小。

若测得的阻值为 ∞,说明一次绕组开路。

若测得的阻值为 0 Ω,说明一次绕组短路。

若测得的阻值偏小,说明一次绕组匝间出现短路。

然后万用表拨至 $R \times 1$ Ω 挡,用同样的方法测量变压器的 3,4 端和 4,5 端的电阻,正常为几欧。

一般来说,变压器的额定功率越大,其一次绕组的电阻越小;变压器的输出电压越高,其二次绕组的电阻越大(因匝数多)。

第二步　测量绕组间的绝缘电阻。

万用表拨在 $R \times 10$ kΩ 挡,红、黑表笔分别接变压器的一次、二次绕组的一端,如图 3-39(b)所示,然后在刻度盘上读出电阻值的大小。

若测得的阻值为 ∞,说明一次、二次绕组间绝缘良好。

若测得的阻值小于 ∞,说明一次、二次绕组间存在短路或漏电。

第三步　测量绕组与铁芯间的绝缘电阻。

万用表拨在 $R \times 10$ kΩ 挡,红表笔接变压器铁芯或金属外壳,黑表笔接一次绕组一端,如图 3-39(c)所示,然后在刻度盘上读出电阻值的大小。

若测得的阻值为 ∞,说明绕组与铁芯间绝缘良好。

若测得的阻值小于 ∞,说明绕组与铁芯间存在短路或漏电。

对于电源变压器,一般按如图 3-39(d)所示的方法测量其空载二次电压。首先给变压器的一次绕组接 220 V 交流电压,然后用万用表的 10 V 交流挡测量二次绕组某两端的电压,测出的电压值应与变压器标称二次绕组电压相同或相近,允许有 5% ~ 10% 的误差。

若二次绕组所有接线端间的电压都偏高,则说明一次绕组局部有短路。

若二次绕组某两端间的电压偏高,则该绕组有局部短路。

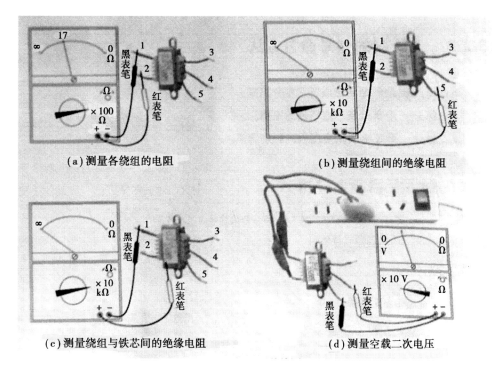

（a）测量各绕组的电阻　　　　　　　　（b）测量绕组间的绝缘电阻

（c）测量绕组与铁芯间的绝缘电阻　　　　（d）测量空载二次电压

图 3-39　变压器的检测

6. 选用

（1）电源变压器选用

选用电源变压器时，输入、输出要符合电路的需要，额定功率应大于电路所需的功率。对于一般电源电路，可选用 E 形铁芯的电源变压器。若是高保真音频功率放大器的电源电路，则应选用 C 形或环形铁芯的变压器。对于输出电压、输出功率相同且都是铁芯材料的电源变压器，通常可以直接互换。

（2）其他类型的变压器选用

虽然变压器基本工作原理相同，但由于铁芯材料、绕组形式和引脚排列等不同，造成变压器种类繁多。在设计制作电路时，选用变压器要根据电路的需要，从结构、电压比、频率特性、工作电压和额定功率等方面考虑。在检修电路中，最好用同型号的变压器代换已损坏的变压器，若无法找到同型号的变压器，应尽量找到参数相似的变压器进行代换。

7. 国产变压器的型号命名方法

国产变压器命名由以下 3 个部分组成：

第一部分用字母表示变压器的主称。

第二部分用数字表示变压器的额定功率。

第三部分用数字表示序号。变压器的型号命名及含义见表 3-23。

表 3-23　国产变压器的型号命名及含义

第一部分		第二部分	第三部分
字　母	含　义		
CB	音频输出变压器	用数字表示变压器的额定功率	用数字表示产品的序号
DB	电源变压器		
GB	高压变压器		
HB	灯丝变压器		
RB 或 JB	音频输入变压器		
SB 或 ZB	扩音机有定阻式音频输送变压器(线间变压器)		
SB 或 EB	扩音机有定压或自耦式音频输送变压器		
KB	开关变压器		

二、电动机

1. 外形与图形符号

电动机是一种能将电能转化为机械能的设备。常见电动机实物外形如图 3-40 所示。

图 3-40　电动机

常见电动机图形符号见表 3-24。

表 3-24　常见电动机图形符号

序号	直流电动机		交流电动机	
	名　称	图形符号	名　称	图形符号
1	串励式直流电动机	Ⓜ	单相笼形异步电动机	Ⓜ 1~
2	并励式直流电动机	Ⓜ	单相交流串励电动机	Ⓜ ~
3	他励式直流电动机	Ⓜ	单相永磁同步电动机	MS 1~

续表

序号	直流电动机		交流电动机	
	名　称	图形符号	名　称	图形符号
4	复励式直流电动机		三相笼形异步电动机	
5	永磁直流电动机		三相交流串励电动机	
6	直流力矩电动机		三相永磁同步电动机	

2. 电动机的分类

（1）按工作电源分类

根据电动机工作电源的不同，可分为直流电动机和交流电动机。其中，交流电动机还分为单相电动机和三相电动机。

（2）按结构及工作原理分类

电动机按结构及工作原理可分为直流电动机、异步电动机和同步电动机。

同步电动机还可分为永磁同步电动机、磁阻同步电动机和磁滞同步电动机。

异步电动机可分为感应电动机和交流换向器电动机。感应电动机又分为三相异步电动机、单相异步电动机和罩极异步电动机等。交流换向器电动机又分为单相串励电动机、交直流两用电动机和推斥电动机。

直流电动机按结构及工作原理可分为无刷直流电动机和有刷直流电动机。有刷直流电动机可分为永磁直流电动机和电磁直流电动机。电磁直流电动机又分为串励直流电动机、并励直流电动机、他励直流电动机和复励直流电动机。永磁直流电动机又分为稀土永磁直流电动机、铁氧体永磁直流电动机和铝镍钴永磁直流电动机。

（3）按启动与运行方式分类

按启动与运行方式电动机可分为电容启动式单相异步电动机、电容运转式单相异步电动机、电容启动运转式单相异步电动机和分相式单相异步电动机。

（4）按用途分类

电动机按用途可分为驱动用电动机和控制用电动机。

驱动用电动机又分为电动工具用电动机（包括钻孔、抛光、磨光、开槽、切割、扩孔等工具）、家电用电动机（包括洗衣机、电风扇、电冰箱、空调器、录音机、录像机、影碟机、吸尘器、照相机、电吹风、电动剃须刀等）及其他通用小型机械设备用电动机（包括各种小型机床、小型机械、医疗器械、电子仪器等）。

3.结构及原理

电动机的种类较多,在此以三相鼠笼式异步电动机的结构及原理为例进行分析。

（1）结构

三相鼠笼式异步电动机结构如图3-41所示。

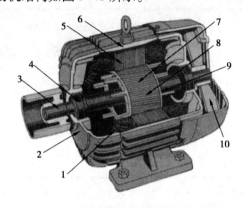

图3-41　三相鼠笼式异步电动机结构

1—定子绕组;2—轴承框;3—轴;4—轴承;5—定子铁芯
6—机壳;7—转子铁芯;8—转子导体;9—端环;10—冷却片

● 定子

三相交流异步电动机的定子是由机座、定子铁芯和定子绕组3个部分组成。

①机座。机座用来固定定子铁芯和端盖,并起支撑作用。

②定子铁芯是三相异步电动机磁路的一部分,它是用0.5 mm厚、表面绝缘的硅钢片叠压而成,如图3-42所示。

（a）定子的硅钢片　　　（b）未装绕组的定子　　　（c）装有三相绕组的定子

图3-42　三相异步电动机的定子

③定子绕组是电动机的电路部分。小型三相交流异步电动机的定子绕组通常是由高强度的漆包线按一定的规律绕制而成的许多线圈,这些线圈按一定的空间角度依次嵌放在定子槽内,并与铁芯绝缘,如图3-42(c)所示。

● 转子

三相交流异步电动机的转子是由转轴、转子铁芯和转子绕组3个部分组成。

①转轴是用来固定转子铁芯的,并对外输出机械转矩。转轴要求既有一定的强度又有一定的韧性。

②转子铁芯也是电动机磁路的一部分,是用0.5 mm厚表面绝缘的硅钢片冲制叠压而成的,并固定在转轴上。转子冲片如图3-43(a)所示。

③转子绕组的作用是产生感应电动势从而产生电磁转矩。因为其形状与鼠笼相似,故又称为鼠笼式转子,如图3-43(b)、(c)所示。

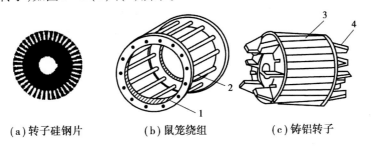

(a)转子硅钢片　　(b)鼠笼绕组　　(c)铸铝转子

图3-43　鼠笼式转子

1—短路环;2—铜条;3—转子铁芯;4—风叶

(2)原理

旋转磁场的产生以最简单的二极电动机(只有一对磁极)为例,在一个定子铁芯内安置3个线圈,其中每个线圈称为一相,这3个线圈在空间彼此相隔120°,并且3个线圈的头(起端)分别用 U_1,V_1,W_1 表示,尾(末端)用 U_2,V_2,W_2 表示,如图3-44所示。

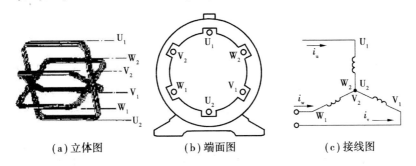

(a)立体图　　(b)端面图　　(c)接线图

图3-44　两极旋转磁场定子绕组示意图

三相绕组接成星形(U_2,V_2,W_2 连在一起),由3个起端 U_1,V_1,W_1 输入三相对称的正弦交流电流 i_U,i_V,i_W,波形图如图3-45所示。其表达式分别为

$$i_U = I_m \sin \omega t$$
$$i_V = I_m \sin(\omega t - 120°)$$
$$i_W = I_m \sin(\omega t + 120°)$$

为了便于分析,选定几个特定的时刻来分析三相交变电流所产生的合成磁场,并且规定在交流电流的正半周时,电流由绕组的始端流入,末端流出(图3-46中,流入端用"⊗"表示,流出端用"⊙"表示)。交流电流为负半周时则相反。

分析可知,对于该两极旋转磁场,当通入定子绕组的三相对称交流电变化一个周期 T

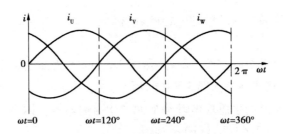

图 3-45　三相对称电流波形图

（电角度为 360°）时,旋转磁场在空间也相应地旋转了 360°,即电流变化一个周期,磁场转过一圈,如图 3-46 所示。

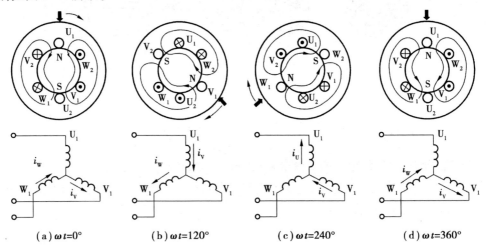

图 3-46　二极旋转磁场

　　三相电流不断变化,旋转磁场就不断地旋转。由此可知,三相对称电流所产生的磁场,不是静止的,而是旋转的,用同样的方法还可以证明,其旋转方向与三相电源通入三相绕组的次序(即相序)有关。若任意调换两相绕组的电流(如 U,V 两相),其合成磁场的旋转方向将会反向。

　　可见,三相异步电动机通入对称三相交流电后,也会产生一个旋转磁场。旋转磁场产生后,在转子导体中就会产生感应电流,此感应电流又与旋转磁场相互作用,产生一个作用力。此作用力作用在转子导体中,使转子得到一个电磁转矩,于是转子便转动起来,这就是异步电动机旋转的基本原理。

　　电动机的转子转动后,如果其转速增加到旋转磁场的转速,则转子导体与旋转磁场之间将不再有相对运动,也不再切割磁力线,转子中的电磁转矩等于零。因此,三相异步电动机工作时,转子的转速总是小于旋转磁场的转速。把这种交流电动机称为异步电动机。又因为这种电动机的转子电流是由电磁感应而产生的,所以又把它称为感应电动机。

　　4. 电动机的技术参数

　　每台异步电动机的机座上都有一块铭牌,铭牌上标出了该电动机的型号、生产日期、生产厂家及一些主要的技术参数,见表 3-25。

表 3-25 三相异步电动机铭牌

三相异步电动机		
型号 Y90S-4		编号 1717
1.1 kW		
380 V	1 400 r/min	67 dB
接法 Y	防护等级 IP44	50 Hz
	工作制 S1	B 级绝缘 ×××年×月
×××电机厂		

下面以三相电动机 Y90S-4 型为例,说明铭牌上各数据的含义。

(1)型号

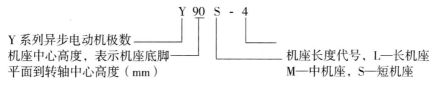

(2)额定功率 P_N

电动机在额定工作状况下运行时,轴上所能输出的机械功率,称为额定功率,常以 kW 为单位。电动机的额定功率 P_N 与输入功率 P 是不同的,输入功率是电动机从电源吸取的功率,可按 $P = \sqrt{3} U_线 I_线 \cos \varphi_相$ 计算,输入功率要大于输出功率(因为电动机本身有损耗)。输出功率 P_N 与输入功率 P 的比值称为电动机的额定效率 η_N。

(3)额定电压 U_N

额定电压是指电动机在额定状况下运行时,定子绕组应加的线电压,单位为 V。电源电压对电动机转矩影响较大,因此,应使电动机在额定电压下工作。

(4)额定电流 I_N

额定电流是指电动机在额定状况下运行时定子绕组的线电流,单位为 A。

(5)额定频率 f_N

额定频率是指加在电动机定子绕组上的交流电源的频率,单位为 Hz。我国电网的频率均为 50 Hz。

(6)额定转速 n_N

额定转速是指电动机在额定状况下运行时转子每分钟的转速,单位为 r/min。

(7)接法

接法是指电动机定子三相绕组根据交流电源的线电压的连接方式。本例要求电源线电压为 380 V,定子绕组应为 Y 形连接。有的电动机铭牌标为 220 △/380Y V,则表示当电源线电压为 220 V 时,定子绕组应采用 △ 形连接;而当电源电压为 380 V 时,定子绕组应采用 Y 形连接。

(8)绝缘等级

绝缘等级指电动机内部所用绝缘材料允许的最高温度等级,共分为 7 个等级。各种绝缘等级所对应的最高允许温度,见表 3-26。

表 3-26 电动机绝缘等级及允许温升

绝缘等级	A	E	B	F	H	C
绝缘材料的允许温度/℃	105	120	130	155	180	>180
电动机的允许温升/℃	60	75	80	100	125	>125

目前使用最多的是 E,B 或 F 级绝缘,本例为 B 级绝缘,即定子绕组的允许最高温度不能超过 130 ℃,否则会缩短其寿命或损坏。

(9)噪声等级

噪声等级是指电动机在运行过程中所产生噪声的大小,用 dB(分贝)表示。

(10)定额(工作制)

定额是指电动机在额定工作情况下运行的方式和时间。本例 S1 表示连续运行方式,即该电动机可以按额定工况连续运行。有的电动机则需断续或短时运行,如起重设备所用的电动机等。我国国家标准规定,电机的工作方式分为 S1 ~ S8,共 8 类。数字越大,运行条件一般越严酷。

(11)防护等级

防护等级是指电动机外壳的防护等级。其中,IP 是防护等级标志符号,其后面的两位数字分别表示电机防固体和防水能力,数字越大,防护能力越强。本例 IP44 中的第 1 位数字"4"表示电机能防止 1 mm 直径的固体物质进入电机内壳,第 2 位数字"4"表示能承受任何方向的溅水。

注意:铭牌是电动机的简要说明,要正确使用电动机必须首先看懂铭牌,按其规定的额定值使用,才能保证电动机的正常运行。

5. 电动机的拆卸

(1)准备各种工具

拆卸工具如图 3-47 所示。

(2)切断电源

拆开电动机与电源的连接线。

(3)脱开并拆卸带轮或联轴器,松开地脚螺栓和接地螺栓

首先将带轮或联轴器上的定位螺钉或销子松脱取下,装上拉具,拉具的丝杠顶端要对准电动机轴端的中心,使其受力均匀,转动丝杠,把带轮或联轴器慢慢拉出。如拉不出,不要硬卸,可在定位螺丝内注入煤油,待几小时后再拉。如再拉不出,可用喷灯等急火在带轮或联轴器四周加热,使其膨胀,就可趁热迅速拉出。但加热的温度不能太高,以防止转轴变形。拆卸过程中不能用手锤直接敲出带轮或联轴器,敲打会使带轮或联轴器碎裂、转轴变形或端盖受损等。

(4)拆卸风罩和风叶

首先把外风罩螺栓松脱,取下风罩;然后把转轴尾部风叶上的定位螺栓或销子松脱、取

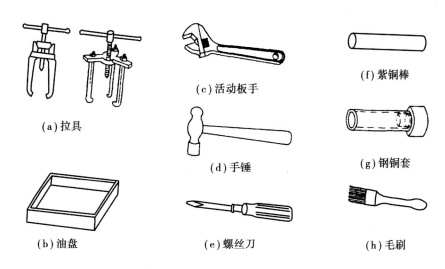

(a) 拉具　　(c) 活动板手　　(f) 紫铜棒

(d) 手锤　　(g) 钢铜套

(b) 油盘　　(e) 螺丝刀　　(h) 毛刷

图 3-47　电动机拆卸常用工具

下,用金属棒或手锤在风叶四周均匀地轻敲,风叶就可松脱下来。小型异步电动机的风叶一般不用卸下,可随转子一起抽出。

(5)拆卸轴承盖、轴承和端盖

首先把轴承的外盖螺栓松下,卸下轴承外盖。对于小型电动机,可先把轴伸端的轴承外盖卸下,再松开后端盖的固定螺栓(如风叶装在轴伸端的,则须先把后端盖外面的轴承外盖取下),然后用木锤敲打轴伸端,这样可把转子连同后端盖一起取下。

拆卸轴承,常用以下两种方法:

①用拉具拆卸。应根据轴承的大小,选用适宜的拉具,拉具的脚爪应扣在轴承的内圈上,切勿放在外圈上,以免拉坏轴承。拉具的丝杠顶点要对准转子轴端中心,动作要慢,用力要均匀,如图 3-48 所示。

②用铜棒拆卸。轴承的内圈垫上铜棒,用手锤敲打铜棒,把轴承敲出,如图 3-49 所示。敲打时要沿轴承内圈四周均匀地用力,不可偏敲一边或用力过猛。

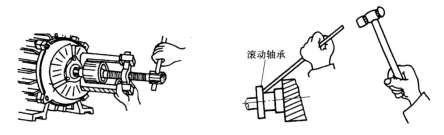

图 3-48　拉具拆卸轴承　　**图 3-49　用铜棒敲打拆卸滚动轴承**

(6)抽出或吊出转子

小型电动机的转子可以连同端盖一起取出。抽出转子时,应小心谨慎、动作缓慢,要求不可歪斜,以免碰伤定子绕组。

(7)搞清各部件工作原理

仔细观察各个拆下来的部件,搞清工作原理。

6. 电动机的装配及装配后的检测

（1）电动机的装配

电动机的装配按拆卸的逆顺序操作。

（2）电动机装配后的检测

电动机装配后应做以下基本检测：

①一般检查。检查电动机的装配质量，各部分的紧固螺栓是否拧紧，引出线的标记是否正确，转子转动是否灵活，轴伸端径向有无偏摆的情况。

②测定绝缘电阻。试验时将定子绕组的 6 个线头拆开，测定电动机定子绕组相与相、相对地的绝缘电阻，其值不得小于 0.5 MΩ。

注意：电动机绝缘电阻的测量是使用兆欧表测量。具体理解与变压器一致，在此不重复讲述。

7. 电动机的维护

（1）防尘维护

电动机的内部不允许有灰尘、泥土或其他杂屑侵入，运行中如发现内部有积尘或杂屑应及时进行清除。

（2）轴承维护

润滑是提高电动机使用年限的主要因素。对于运行中的电动机，应加入足够的润滑油，以减小轴承磨损。

（3）防潮维护

绝缘材料的绝缘能力与干燥程度有关，电动机受潮会使电动机的绝缘性能降低，因此要保持电机绕组干燥。

【任务实施】

一、认一认

仔细观察各种不同类型、规格的电动机的外形，从所给的电动机中任选 5 个，将电动机型号、额定电压等参数填入表 3-27 中。

表 3-27　电动机的参数识别

序　号	1	2	3	4	5
型号					
额定电压					
转速					
绝缘等级					
接法					
生产日期					

二、测一测

从所给的变压器和电动机中分别任选 3 个,用万用表(或兆欧表)检测变压器和电动机绕组电阻值、绝缘电阻值,并进行质量判断,将结果填入表 3-28 中。

表 3-28 变压器和电动机电阻值测量

序号	绕组电阻值/Ω		绕组与绕组电阻值/Ω		绕组与铁芯电阻值/Ω		质量判断	
	变压器	电动机	变压器	电动机	变压器	电动机	变压器	电动机
1								
2								
3								

三、练一练

根据所提供的电动机进行拆装,并将其过程记录在表 3-29 中。

表 3-29 电动机拆装过程记录

起止时间	拆装步骤	拆装过程遇见的问题	装后检测结果

【任务拓展】

一、互感

实验 3-5 如图 3-50 所示,A,B 是两个独立的线圈,线圈 B 套在线圈 A 的外面,线圈 A 与开关 S、滑动变阻器 R_p 及直流电源 E 串联组成闭合电路,线圈 B 与灵敏电流计串联组成闭合回路。在开关 S 闭合的瞬间,灵敏电流计指针偏转;当线圈 A 电路中的电流稳定时,灵敏电流计指针不偏转;当改变滑动变阻器 R_p 的阻值时,灵敏电流计指针偏转;在开关 S 断开的瞬间,灵敏电流计指针偏转。

分析 在开关 S 闭合或断开的瞬间,线圈 A 中的电流发生变化,线圈 A 中的磁通随着发生变化,穿过线圈 B 的磁通也随着发生变化,线圈 B

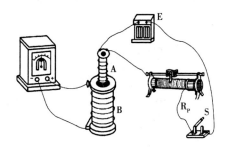

图 3-50 互感现象实验

就产生了感应电动势；当改变滑动变阻器 R_p 的阻值时，线圈 A 中的电流也发生变化，线圈 B 也就产生了感应电动势。

从上面的实验可以发现，当线圈 A 中的电流发生变化时，线圈 B 产生了感应电动势。这种由一个线圈的电流变化导致另一个线圈产生感应电动势的现象，称为互感现象。在互感现象中产生的感应电动势，称为互感电动势。

二、同名端

1. 互感线圈的同名端

在工程中，对两个或两个以上的有电磁耦合的线圈，常常需要知道互感电动势的极性。互感线圈由于电流变化所产生的自感电动势极性与互感电动势的极性始终保持一致的端点称为同名端，反之称为异名端。

在电路中，一般用"·"表示同名端。在标出同名端后，每个线圈的具体绕法和它们之间的相对位置就不需要在图上表示出来了。

2. 同名端的判断方法

（1）根据线圈绕向判定

根据线圈绕向判定如图 3-51 所示。

线圈 L_1 通有电流 i，并且电流随时间增加时，电流 i 所产生的自感磁通和互感磁通也随时间增加。由于磁通的变化，线圈 L_1 中要产生自感电动势，线圈 L_2 中要产生互感电动势。以磁通 Φ 作为参考方向，应用安培定则，则线圈 L_1 上的自感电动势 A 点为正极性点，B 点为负极性点；线圈 L_2 上的互感电动势 C 点为正极性点，D 点为负极性点。由此可知，A 与 C、B 与 D 的极性相同。当电流 i 减小时，L_1，L_2 中的感应电动势方向都反了过来，但端点 A 与 C、B 与 D 的极性仍然相同。

因此，无论电流从哪一端流入线圈，大小如何变化，A 与 C、B 与 D 的极性都保持一致，即线圈绕向一致的 A 与 C、B 与 D 为同名端。

（2）用实验法判定

若不知道线圈的具体绕法，可以用实验法来判定。如图 3-52 所示为判定同名端的实验电路。当开关闭合时，电流从线圈的端点 1 流入，且电流随时间增大。若此时电流的指针向正方向偏转，说 1 与 3 是同名端，否则为异名端。

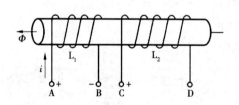

图 3-51　互感线圈的极性

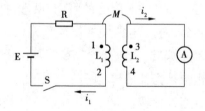

图 3-52　同名端判定实验电路

三、单相异步电动机

单相异步电动机是指由单相交流电源供电的异步电动机。这类电机具有结构简单、成本低廉、振动和噪声小，并且只需单相交流电源供电等优点。因此在家用电器、文教卫生、电动工具及工农业生产中得到广泛应用。如电风扇、洗衣机、电冰箱、空调、医疗器械等。

1. 单相异步电动机的结构

单相异步电动机的结构与三相异步电动机基本相同，也是由定子、转子、外壳及轴承等组成，如图3-53所示。

2. 单相异步电动机的工作原理

已知三相异步电动机之所以能够旋转是因为通以三相交流电源后，能够形成一个旋转磁场，那么单相异步电动机在只有一相绕组的情况下，通以交流电后是否也能产生一个旋转磁场呢？让我们来证明一下。如图3-54所示为一个只嵌有一组绕组 U_1U_2 的定子，在 U_1U_2 绕组中通以正弦交流电 $i_U = I_m \sin \omega t$，并且规定：在交流电的正半周为 U_1 进 U_2 出，负半周为 U_2 进 U_1 出；取一个周期内的若干不同时刻与前述分析三相交流电动机定子磁场的方法一样，分别按电流方向和安培定则，画出各个时刻的定子磁场，如图3-54所示。

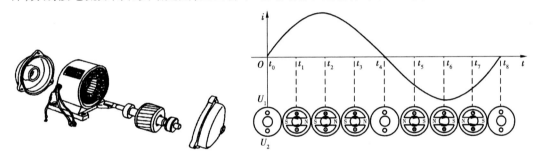

图 3-53　单相异步电动机的结构　　　图 3-54　单相绕组形成的磁场

由图3-54中可知，在 t_0, t_4, t_8 时刻，由于 $i = 0$，因此定子的磁场也为零；但在 t_1 和 t_5 时刻，绕组电流大小相等方向相反，在这两个时刻形成的磁场也是强度相等方向相反。同理，在 t_2 和 t_6 时刻、t_3 和 t_7 时刻也是磁场强度相等方向相反。另外，在 t_2 和 t_6 时刻，由于电流最强，因此磁场也最强。实际上这个磁场也是一个随时间按正弦规律变化的磁场，前半周和后半周磁场方向相反，但大小在不断变化，它是一个脉振磁场，是不旋转的，因此转子也不能转动。

那么如何才能使单相异步电动机产生旋转磁场呢？我们不妨在电动机定子中再增加一相绕组，而且使这两组绕组在空间位置上相差90°电角度，然后在这两组绕组中通以具有90°相位差的两相交流电，即 $i_U = I_m \sin \omega t$，$i_Q = I_m \sin(\omega t + 90°)$。为了研究方便，可取5个特殊时刻，即 ωt 为 $0, \pi/2, \pi, 3\pi/2, 2\pi$，分别画出各时刻的定子磁场方向，如图3-55所示。

从图3-55中可知，在0到 $\pi/2$ 范围内，交流电变化了90°电角度，磁场也逆时针转了90°电角度。以此类推，如果电流变化一个周（360°），磁场也正好逆时针转过了360°电角度。磁场的确发生了旋转，而且当电流不断地随时间变化时，其磁场也就在空间不断地旋转，鼠笼转子在旋转磁场的作用下，就跟着旋转磁场向着同一个方向转动起来，这就是单相异步电动机的工作原理。

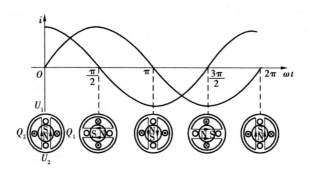

图 3-55　两相绕组形成的磁场

以上是一对磁极的情况,同样的方法可以证明,当定子绕组为两对磁极时,电流变化一周,磁场只旋转半周。因此,与三相异步电动机一样,单相异步电动机定子磁场转速 n_1 与电源频率 f_1 以及磁极对数 P 之间同样存在着 $n_1 = \dfrac{60f_1}{p}$ 的关系。

通过以上的分析,可得出如下结论:要使单相异步电动机能够自行启动必须具备以下两个条件:

①要有两个在空间位置上相差 90°电角度的两相绕组,一般一个称为工作绕组,另一个称为启动绕组。

②在两相绕组中通以约 90°相位差的两相正弦交流电。

对于第一个条件在制造电动机时就能保证,但需要说明的是,单相异步电动机在启动之前,如果把启动绕组断开,则电动机不能启动。但在启动后,若把启动绕组去掉,则电动机在一相绕组的情况下仍能继续旋转。这是因为脉振磁场可以分解为两个相反转向的磁场,从而对旋转中的电动机转子会产生同方向转矩大于反方向转矩的原因。

对于第二个条件,由于是单相异步电动机,不可能再用两相交流电源;因此,可从一相电源变换而来,称为分相。根据不同的分相方法,单相异步电动机又可分为电阻启动式、电容启动式、电容运行式、电容启动运行式等。

3. 单相异步电动机的类型及启动方法

（1）电阻分相启动式电动机

电阻分相启动式电动机的副绕组导线直径细,匝数少,电阻大,电感量小,使副绕组呈阻性电路。其主绕组导线直径粗,匝数多,电阻很小,电感量大,呈感性电路。这样两绕组接在同一单相电源上时,绕组中的电流就不同相,从而使单相交流电分为两相,形成旋转磁场而产生启动转矩。当转速达到额定值的 70% ~ 80% 时,启动开关使副绕组脱开电路,由主绕组单独维持电动机转动。电阻分相启动式电动机的电路如图 3-56 所示。

电阻分相启动式电动机的特点是结构简单,成本低廉,运行可靠,但它的启动转矩小,启动电流大,过载能力差,功率因数和效率也都不高。它多用在小功率的机械上。

（2）电容分相启动式电动机

容量的电容器,使副绕组呈容性电路,主绕组仍保持感性电路。启动时,副绕组中的电流相位超前主绕组电流 90°电角度,这样就使单相交流电分为两相,形成旋转磁场而产生启动转矩。当转速达到额定值的 70%~80% 时,启动开关使副绕组脱开电路,由主绕组单独维持电动机转动。电容分相启动式电动机的电路如图 3-57 所示。

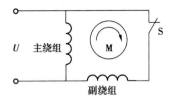　　　　　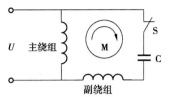

图 3-56　电阻分相启动式电动机电路　　图 3-57　电容分相启动式电动机电路

电容分相启动式电动机的特点是启动性能好,启动电流小,但它的空载电流较大,功率因数和效率都不高,并要与适当的电容匹配。它适用于要求启动转矩较大、启动电流较小的机械上。

(3)电容运转式电动机

电容运转式电动机的副绕组和一个小容量的电容器串联,无论在启动和运转时,始终接在电路中,这实质上构成了两相电动机,由主绕组、副绕组与电容器共同维持电动机转动。电容运转式电动机的电路如图 3-58 所示。

电容运转式电动机的特点是有较好的运行特性,其功率因数、效率和过载能力均比其他类型的单相电动机高,而且省去了启动装置。但由于电容器的容量是按运转性能要求选取的,比单独用于启动时的电容量要小,因此启动转矩较小。它适用于启动比较容易的机械。

(4)电容启动和运转式电动机

电容启动和运转式电动机的副绕组上串联一只大容量的启动电容器 C_1 和一只小容量的运行电容器 C_2,启动时两只电容器并联工作,使副绕组呈容性电路,有利于提高启动转矩。在电动机启动后,离心启动开关使启动电容器脱开电路,运行电容器与副绕组、主绕组共同维持电动机转动。电容启动和运转式电动机的电路如图 3-59 所示。

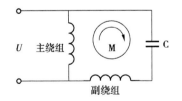　　　　　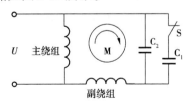

图 3-58　电容运转式电动机电路　　图 3-59　电容启动和运转式电动机电路

电容启动和运转式电动机的特点是启动转矩大,运行特性好,功率因数高,但结构复杂,成本较高。它适用于大功率的机械上。

【任务评价】

任务内容	任务要求	完成情况		
		能独立完成	能在老师指导下完成	不能完成
识别	能正确识别变压器和电动机			
阻值的测量	能正确使用仪器仪表对变压器和电动机各阻值进行测量			
质量判别	能正确使用仪器仪表对变压器和电动机质量的好坏进行判断			
装配	能正确使用工具对电动机进行拆卸与装配			
自我评价				
教师评价				
任务总评				

【知识巩固】

1. 常见变压器和电动机的图形符号有哪些？
2. 简述变压器和电动机的结构。
3. 变压器和电动机的分类有哪些？
4. 变压器和电动机的各阻值测量及质量判定方法是什么？
5. 简述三相异步电动机的原理分析。

项目四

交流电路

　　我国电力系统中传输和使用的电大多数都是正弦交流电,利用交流发电机可以既经济又方便地把水能、风能、热能以及其他形式的能源转化为交流电,再通过变压器升压和降压使配送电也变得很容易。我们的家用电器以及工厂设备普遍都使用交流电,即使在需要直流电的场合,也可以很容易地将交流电转换成直流电。通过本项目的学习,要能认识正弦交流电的基本概念和特性,能对交流电路进行简单的测量以及分析计算,为后续专业核心课的学习打下基础。

　　【知识目标】

　　1.能说出正弦交流电的三要素,会用解析式表示法、波形图表示法描述正弦交流电。

　　2.能说出纯电阻、电容、电感元件在正弦交流电路中的电压电流关系。

　　3.能描述 RLC 串并联电路的电压电流及相位的关系,以及滤波的原理。

　　4.能说出三相正弦交流电相序的概念,以及三相正弦交流电源和负载三角形和星形连接时电流电压的关系。

【技能目标】

1. 会用示波器观察正弦交流电的波形图,会读出最大值、周期、初相位等参数。

2. 会安装和测试简单照明电路。

3. 会测量电阻、电感、电容在正弦交流电路中电压和电流的波形及相位。

4. 会测量 RLC 串并联电路中电压和电流的波形及相位。

5. 会进行三相正弦交流电路的三角形和星形连接。

【情感目标】

1. 养成辩证思维和逻辑分析的意识,理论联系实际。

2. 具有工作规范意识和严谨认真的工作态度。

3. 养成吃苦耐劳、团结合作的精神。

任务一　认识正弦交流电

【任务分析】

我们身边的用电设备越来越多,这些设备的供电电源几乎都来自电网提供的正弦交流电。然而与人们生活密不可分的正弦交流电是看不见摸不着的,那应该怎么去认识我们身边的交流电呢? 交流电具有什么样的特性呢?

在本任务中,将通过示波器观察交流正弦电的波形,识读正弦交流电的基本参数,画出正弦交流电的波形,分析交流电的各参数及相互关系,从而进一步为学习后面的交流电路作准备。

【知识准备】

一、信号发生器及示波器

在本任务中,可用信号发生器产生一个正弦交流信号来模拟正弦交流电,用示波器来进行观察与测量。

1. 信号发生器

信号发生器是指能产生所需参数的电测试信号的仪器,如图 4-1 所示。按信号波形可分为正弦信号、函数(波形)信号、脉冲信号和随机信号发生器4大类。信号发生器又称信号源或振荡器,在生产实践和科技领域中有着广泛的应用。各种波形曲线均可用三角函数方程式来表示。能够产生多种波形如三角波、锯齿波、矩形波、正弦波的电路,被称为函数信号发生器。

2. 示波器

示波器是利用电子示波管的特性,将人眼无法直接观测的交变电信号转换成图像,显示在荧光屏上以便测量的电子测量仪器,如图4-2所示。它是观察电路实验现象,分析实验中的问题,测量实验结果必不可少的重要仪器。示波器由示波管和电源系统、同步系统、X轴偏转系统、Y轴偏转系统、延迟扫描系统及标准信号源等组成。在示波器的面板上,有若干开关旋钮及按钮,主要起以下作用:

图4-1 信号发生器

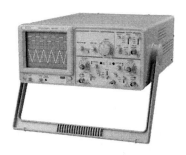

图4-2 示波器

①电源:示波器主电源开关。当此开关按下时,电源指示灯亮,表示电源接通。

②辉度:旋转此旋钮能改变光点和扫描线的亮度。观察低频信号时可小些,高频信号时大些。一般不应太亮,以保护荧光屏。

③聚焦:聚焦旋钮调节电子束截面大小,将扫描线聚焦成最清晰状态。

④标尺亮度:此旋钮调节荧光屏后面的照明灯亮度。正常室内光线下,照明灯暗一些好。室内光线不足的环境中,可适当调亮照明灯。

⑤垂直偏转因数选择(VOLTS/DIV)和微调:在单位输入信号作用下,光点在屏幕上偏移的距离称为偏移灵敏度,这一定义对X轴和Y轴都适用。

⑥时基选择(TIME/DIV)和微调:时基选择和微调的使用方法与垂直偏转因数选择和微调类似。时基选择也通过一个波段开关实现,把时基分为若干挡。

⑦输入通道选择:输入通道至少有3种选择方式,即通道1(CH1)、通道2(CH2)和双通道(DUAL)。

⑧输入耦合方式:输入耦合方式有交流(AC)、地(GND)和直流(DC)3种选择。

二、正弦交流电的特点

前面已经学过直流电路,其中的直流电压和电流的大小和方向是不随时间变化的,如图4-3所示。

对于生活中广泛应用的正弦交流电,它的电压和电流都是按照正弦函数规律周期性变化的。其波形如图4-4所示。

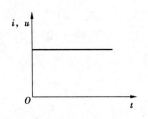

图 4-3　直流电波形

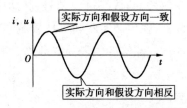

图 4-4　正弦交流电波形

【练一练】

试在下面的坐标轴上画出正弦交流电的基本形状。

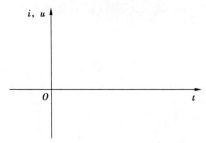

三、正弦交流电的表示法

通常正弦交流电的表示方法主要有解析式、波形图、矢量图等几种表示法。这里将主要介绍解析式和波形图两种表示方法。

1. 正弦交流电的解析式

正弦交流电的解析式又称为瞬时值表达式,它表示正弦交流电在某一时刻的状态。

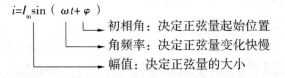

同理,得

$$e = E_{\mathrm{m}}\sin(\omega t + \varphi)$$
$$u = U_{\mathrm{m}}\sin(\omega t + \varphi)$$

2. 正弦交流电的三要素

幅值、角频率、初相位称为交流电的三要素。

(1)瞬时值、幅值与有效值

瞬时值:正弦交流电的大小随时间的变化而变化,它在某一瞬间的数值大小即为这一刻的瞬时值,用小写字母表示,如 i,u,e。瞬时值的大小是随时间不断变化的。

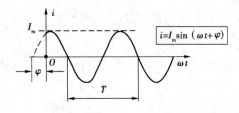

图 4-5　正弦交流电流的波形图

幅值:正弦交流电在变化的过程中所出现最大的值称为幅值(又称最大值或振幅)。如图 4-5 所示,I_{m} 为正弦电流的最大值(其中,电流符号必须大写,再加上下标"m"),另有电压最大值为 U_{m},电动势最大值为 E_{m}。

有效值:在电工技术中,有时并不需要知道交流电的瞬时值,而规定一个能够表征其大小的特定值——有效值。有效值是根据电流热效应来规定的,让一个交流电流和一个直流电流分别通过阻值相同的电阻,如果在相同时间内产生的热量相等,那么就把这一直流电的数值叫做这一交流电的有效值。正弦交流电流的有效值 I 等于其幅值(最大值)I_m 的 0.707 倍,即

$$I = \frac{I_m}{\sqrt{2}} = 0.707\ I_m。$$

同理,得

$$U = \frac{U_m}{\sqrt{2}} = 0.707\ U_m$$

$$E = \frac{E_m}{\sqrt{2}} = 0.707\ E_m$$

(2)频率、角频率、周期

周期 T:周期变化一周所需的时间,单位:秒(s),毫秒(ms)。

频率 f:每秒变化的次数,单位:赫[兹](Hz),千赫[兹](kHz)。

角频率 ω:每秒变化的弧度,单位:弧度/秒(rad/s)。

周期、频率和角频率之间的关系见表4-1。

表4-1　周期、频率、角频率之间的关系

周期与频率的关系	$f = \dfrac{1}{T}$
角频率 ω 与周期、频率的关系	$\omega = \dfrac{2\pi}{T} = 2\pi f$

(3)相位、初相位、相位差

如图4-5所示,φ 为 $t=0$ 时的相位,称为初相位或初相角;$\omega t + \varphi$ 为正弦波的相位角或相位。两个频率相同的交流电的相位之差,称为相位差。这两个频率相同的交流电,可以是两个交流电流,可以是两个交流电压,可以是两个交流电动势,也可以是这3种量中的任何两个。两个同频率正弦量的相位差就等于初相位之差。它是一个不随时间变化的常数。如表4-2所示为两个同频率正弦交流信号 i_1 与 i_2 的相位关系。

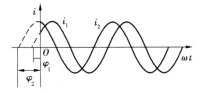

图4-6　i_1 与 i_2 的相位关系

$$i_1 = I_m \sin(\omega t + \varphi_1)$$

$$i_2 = I_m \sin(\omega t + \varphi_2)$$

$$\varphi = (\omega t + \varphi_2) - (\omega t + \varphi_1) = \varphi_2 - \varphi_1$$

表4-2　两个同频率交流电的相位关系

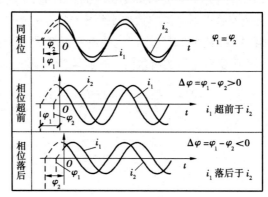

【练一练】

求正弦交流电流 $i = 2\sin(\omega t - 30°)$ A 的有效值 I；如果该正弦交流电流通过 $R = 10\ \Omega$ 的电阻时，求在 1 s 时间内电阻消耗的电能 P。

提示：$I = 2 \times 0.707$ A $= 1.414$A，如果通过 $R = 10\ \Omega$ 的电阻时，在 1 s 时间内电阻消耗的电能为 $P = I^2R = 20$ W，即与 $I = 1.414$ A 的直流电流通过该电阻时产生相同的电功率。

3. 正弦交流电的波形图

正弦交流电的波形图如图4-5所示。在以电角度 ωt 为横坐标，对应的交流电流 i、电压 u、电动势 e 为纵坐标建立的平面直角坐标系中，画出对应的 i, u, e 随时间变化的曲线，该曲线即为正弦交流电的波形。绘制正弦交流电的波形图可采用五点作图法，即在坐标系中分别找到五个点的坐标（以电流为例）：$(0,0)$、$\left(\dfrac{\pi}{2}, I_m\right)$、$(\pi, 0)$、$\left(\dfrac{3\pi}{2}, -I_m\right)$、$(2\pi, 0)$。再将五个点的横坐标按初相位的大小进行平移即可（初相位为正时应左移，初相位为负时应右移）。

【知识拓展】

正弦交流电还可用旋转矢量图来表示。

①以 $e = E_m\sin(\omega t + \varphi_0)$ 为例，在平面直角坐标系中，从原点作一矢量 E_m，使其长度等于正弦交流电动势的最大值 E_m，矢量与横轴 Ox 的夹角等于正弦交流电动势的初相角 φ_0，矢量以角速度 ω 逆时针方向旋转下去，即可得 e 的波形图，如图4-7所示。

②矢量：表示正弦交流电的矢量，用大写字母表示，并在字母上加"·"符号表示。

③矢量图：同频率的几个正弦量的矢量，可画在同一图上，这样的图称为矢量图。

④有效值矢量：矢量图中每一个矢量的长度等于有效值，这种矢量称为有效值矢量。

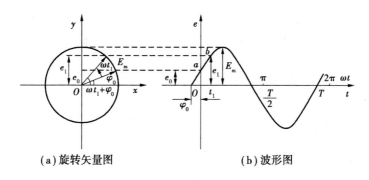

（a）旋转矢量图　　　　　　　（b）波形图

图 4-7　旋转矢量图与波形图的对应关系

【任务实施】

本次任务是根据正弦交流电的特点，用示波器测量信号发生器输出信号的周期、频率等相关参数如图 4-8 所示，并画出该信号的波形图。

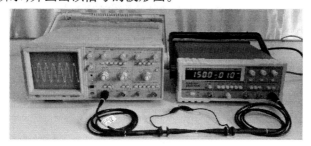

图 4-8　交流信号测量示意图

一、测量方式

①正弦交流信号和方波及三角波脉冲信号是常用的信号源，可由函数信号发生器提供。正弦信号的波形参数是峰值 V_{P-P}、周期 T 和频率 f。

②示波器是可直接观察电信号波形的一种用途广泛的电子测量仪器，可测电压的大小、信号的周期、相位差等。一切可以转化为电压的电量和非电量，都可用示波器来观察和测量。双踪示波器是一台可以同时观察和测量两个信号的波形和参数的仪器。

二、测量步骤

1. 双踪示波器的自检

将示波器面板部分的"标准信号"插口，通过示波器专用同轴电缆接至双踪示波器的 Y 轴输入插口 YA 或 YB 端，然后开启示波器电源，指示灯亮。稍后，调节示波器面板上的"辉度""聚焦""辅助聚焦""X 轴位移""Y 轴位移"等旋钮，使在荧光屏的中心部分显示出线条细而清晰、亮度适中的方波波形；通过选择幅度和扫描速度，并将它们的微调旋钮旋至"校准"位置，从荧光屏上读出该"标准信号"的幅值与频率，并与标称值（1 V，1 kHz）作比较，如相差较大，请指导老师给予校准。

2. 正弦波信号的观测

①将示波器的幅度和扫描速度微调旋钮旋至"校准"位置。

②接通信号发生器的电源,波形选择开关置"正弦波输出"。通过相应调节,使输出频率分别为 50 Hz、1.5 kHz 和 20 kHz(由频率计读出);再使输出幅值分别为有效值 0.1,1 V(由交流毫伏表读得)。调节示波器 Y 轴和 X 轴的偏转灵敏度至合适的位置,从荧光屏上读出幅值及周期。

三、注意事项

①示波器的辉度不要过亮。

②调节仪器旋钮时,动作不要过快、过猛。

③调节示波器时,要注意触发开关和电平调节旋钮的配合使用,以使显示的波形稳定。

④作定量测量时,"t/div""和"V/div"的微调旋钮均应旋置"校准"位置。

⑤为防止外界干扰,信号发生器的接地端与示波器的接地端要相连(称共地)。

⑥不同品牌型号示波器的各旋钮及功能的标注不尽相同,实验前应详细阅读所用示波器的说明书。

四、数据记录

将正弦波信号频率幅值的测定数据记录在表 4-2。

表 4-2 正弦波信号频率幅值的测定

	50 Hz		1 500 Hz		20 000 Hz	
	0.1 V	1 V	0.1 V	1 V	0.1 V	1 V
示波器 t/div 旋钮位置						
一个周期占有的格数						
信号周期/s						
计数所得频率/Hz						
示波器"V/div"位置						
峰-峰值波形格数						
峰-峰值(计算值)						
正弦三角函数表达式						
画出正弦波信号波形图 (频率 50 Hz、幅值 1 V)						
心得体会:						

【友情提示】

　　电网频率:中国 50 Hz;美国、日本 60 Hz。

　　有线通信频率:300 ~ 5 000 Hz。

　　无线通信频率:30 kHz ~ 3×10^4 MHz。

【知识拓展】

光伏发电技术

　　将太阳能直接转换为电能的技术称为光伏发电技术。是利用半导体界面的光生伏特效应而将光能直接转变为电能的一种技术,这种技术的关键元件是太阳能电池。太阳能电池经过串联后进行封装保护可形成大面积的太阳电池组件,再配合上功率控制器等部件就形成了光伏发电装置,如图 4-9 所示。光伏发电的优点是较少受地域限制,因为阳光普照大地;光伏系统还具有安全可靠、无噪声、低污染、无须消耗燃料和架设输电线路即可就地发电供电及建设周期短的优点。

　　国家能源局公布的数据显示:截至 2014 年年底,我国光伏发电累计并网装机容量 2 805 万 kW·h,同比增长 60%。其中,光伏电站 2 338 万 kW·h,分布式 467 万 kW,光伏年发电量约 250 亿 kW·h,同比增长超过 200%。2014 年新增装机容量 1 060 万 kW·h,约占全球新增装机的 1/5,占我国光伏电池组件产量的 1/3。

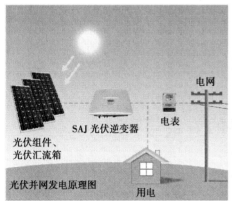

图 4-9　光伏发电技术

【任务评价】

任务内容	任务要求	完成情况		
		能独立完成	能在老师指导下完成	不能完成
测频率	能正确设定频率			
	能正确测出频率			
测幅值	能正确设定幅值			
	能正确测出幅值			
正弦三角函数表示	能写出表达式并画出波形图			
自我评价				
教师评价				
任务总评				

【知识巩固】

1. 已知一正弦交流电流 $i = 5 \sin\left(314t - \dfrac{\pi}{4}\right)$ A, 则该交流电的最大值为_____, 有效值为_____, 频率为_____, 周期为_____, 初相位为_____。

2. 正弦交流电的三要素是_____、_____和_____。

任务二　家用照明电路的安装与测试

【任务分析】

家用照明电路与人们的实际生活息息相关, 具备家用照明电路的安装与调试能力是学习电工所必备的知识与技能。熟悉了照明电路的结构及原理, 可自己动手设计并安装家用照明电路, 并解决一些电路故障。本任务通过简单家庭照明电路的连接, 从而掌握家用照明电路的安装操作流程与规范, 熟悉各器件的功能和安全用电常识, 并解决常见家庭用电故障。

【知识准备】

一、家庭用电常识

家庭低压供电线一根称为零线,另一根称为火线。火线与零线之间有 220 V 的电压,正常情况下零线与地之间没有电压。供电线路先后通过电能表、保护器件后接到家庭电路上,家庭电路中各盏灯应并联,开关与它所控制的照明灯应是串联,插座与电灯应并联。在用电过程中,应做到以下 3 点:

①不过载。过载是指电路中同时工作的用电器过多,导致线路总电流超过额定值的现象,它会加速绝缘材料老化或烧坏熔丝,引发事故。

②莫短路。短路是指火线未经过用电器直接与零线相接触的现象,它会使保护器件断开,如未加保护器件会引起火灾。

③防触电。36 V 以下的电压为安全电压。电流通过人体达到 1 mA,人体会有麻的感觉;电流达到 10 mA,人体可以摆脱不会造成事故;电流达到 30 mA,人员会有伤亡;电流达到 100 mA,短时间会致人死亡。

二、导线的选择和连接

1. 导线的选择

通常使用的电源有 220 V 的单相交流电和 380 V 的三相交流电。不论是采用 220 V 还是 380 V 供电电源,导线均应采用耐压 500 V 的绝缘电线。

(1)电线型号的含义

电线型号的含义如下:

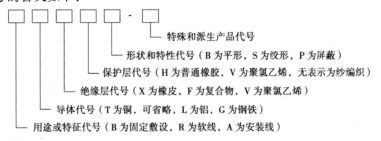

特殊和派生产品代号

形状和特性代号（B 为平形,S 为绞形,P 为屏蔽）

保护层代号（H 为普通橡胶,V 为聚氯乙烯,无表示为纱编织）

绝缘层代号（X 为橡皮,F 为复合物,V 为聚氯乙烯）

导体代号（T 为铜,可省略,L 为铝,G 为钢铁）

用途或特征代号（B 为固定敷设,R 为软线,A 为安装线）

(2)导线颜色

导线颜色区分见表 4-3。

表 4-3　导线颜色区分

类　别	颜色标志	线　别	备　注
一般用途导线	黄色 绿色 红色 浅蓝色	相线　L1 相 相线　L2 相 相线　L3 相 零线或中性线	U 相 V 相 W 相
二芯(供单相电源用)	红色 浅蓝色	相线 零线	

（3）导线截面的选择

导线的截面积以 mm² 为单位。导线的截面积越大，允许通过的安全电流就越大。在同样的使用条件下，铜导线比铝导线可以小一号。在选择导线的截面时，主要是根据导线的安全载流量来选择导线的截面。在选择导线时，还要考虑导线的机械强度。

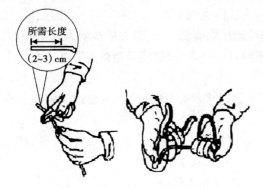

图 4-10　多芯软导线的剥削

有些负荷小的设备，虽然选择很小的截面就能满足允许电流的要求，但还必须查看是否满足导线机械强度所允许的最小截面，如果这项要求不能满足，就要按导线机械强度所允许的最小截面重新选择。

2. 导线绝缘层的剥削

（1）塑料多芯软导线头绝缘层的剥削

塑料多芯软导线的剥削如图 4-10 所示。用剥线钳或钢丝钳剥离塑料绝缘层，不要用电工刀剥削，否则容易切断芯线。

（2）塑料硬导线绝缘层的剥削

塑料硬导线的剥削如图 4-11 所示。芯线截面为 4 mm² 及以下的塑料硬导线，其绝缘层用钢丝钳剥削。芯线截面大于 4 mm² 的塑料硬导线，可用电工刀来剥削其绝缘层。

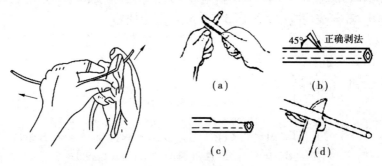

图 4-11　塑料硬导线的剥削

3. 导线的连接

（1）小截面单股导线的分支连接

小截面单股导线的分支连接方法如图 4-12 所示。首先将两导线作交叉，再将它们互绕 2～3 圈后扳直，然后密绕 5～6 圈后剪去多余线头。

（2）小截面单股导线的十字分支连接

小截面单股导线的十字分支连接方法如图 4-13 所示。将上下支路线头紧密缠绕在干路线上 5～8 圈，可将上下支路线头向一个方向缠绕，也可向两个方向缠绕。

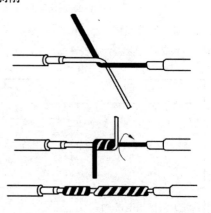

图 4-12　小截面单股导线分支连接

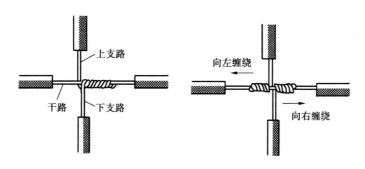

图 4-13　小截面单股导线十字连接

（3）单股导线的丁字形连接

单股导线的丁字形连接方法如图 4-15 所示。将支路线芯的线头紧密缠绕在干路线上 5~8 圈后剪去多余线头。对于小截面线芯的连接,应先在干路线上打个结后再缠绕,如图 4-14（b）所示。

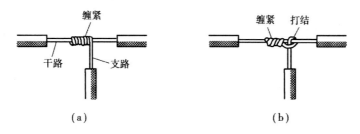

图 4-14　小截面单股导线丁字连接

（4）导线绝缘层的恢复

导线绝缘层的恢复方法如图 4-15 所示。在 380 V 线路上恢复导线绝缘时,必须先包扎 1~2 层黄蜡带,然后再包扎一层黑胶布。在 220 V 线路上恢复导线绝缘时,先包扎一层黄蜡带,然后再包一层黑胶布,或者只包两层黑胶布。绝缘带包扎时,各层之间应紧密相接,不能稀疏,更不能露出芯线。存放绝缘带时,不可放在温度很高的地方,也不可被油类侵蚀。

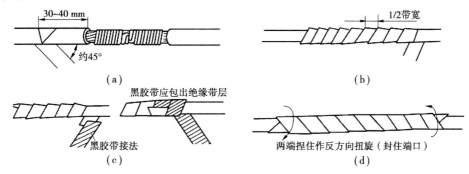

图 4-15　导线绝缘层的恢复

三、电度表的选择和安装

1. 电度表容量的选择

选择电度表容量的原则应使用电负荷在电能表额定电流的 20% ~ 120%。单相 220 V 照明负荷以每千瓦 5 A 计算。

2. 电度表的安装

电度表既可以单表或多表安装在专用电度表箱或电度表板上，也可以与断路器、熔断器、漏电保护器等一起装在配电箱（板）上。表箱的下边缘离地高为 1.7 ~ 2 m，暗室箱下边缘离地 1.5 m 左右。家庭一般使用单相电度表，单相电度表共有 4 个接线桩，从左到右按 1，2，3，4 编号。接线方法一般按号码 1，3 接电源进线，2，4 接电源出线。电度表的外形及安装如图 4-16 所示。

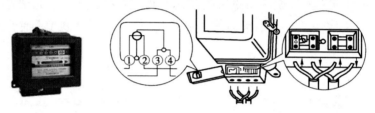

图 4-16　电度表的外形及安装

四、断路器的选择和安装

断路器又称自动空气开关、自动开关，作总电源保护开关或分支线路保护开关用断路器的种类繁多，有单极、二极、三极、四极。家庭常用的是二极（用于总电源保护）和单极（用于分支保护）断路器。这类断路器体积小、安装方便、工作可靠，基本已经取代了开启式闸刀开关。

断路器的额定工作电压应大于或等于被保护线路的额定电压，额定电流应大于或等于被保护线路的计算负载电流。断路器的额定通断能力应大于或等于被保护线路中可能出现的最大短路电流，一般按有效值计算。

断路器的外形如图 4-17 所示。

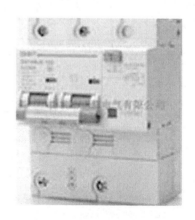

图 4-17　断路器的外形　　　　图 4-18　漏电保护器的外形

五、漏电保护器的选择和安装

一般情况下,应优先选择电流型漏电保护器。单相220 V电源供电的电气设备,应选用二极的漏电保护器。漏电保护器的额定电流值不应小于实际负载电流。一般家庭用漏电护器可选额定工作电流为16～32 A。作为住宅漏电保护时,漏电保护器应安装在进户电度表和总开关之后。如仅对某用电器进行保护,则可安装在用电器具本体上作电源开关或该用电器具的电源来处(如插座)作为保护开关。漏电保护器的外形如图4-18所示。

六、日光灯电路

1. 电路组成

日光灯电路由灯管、镇流器、启辉器等组成,如图4-19所示。

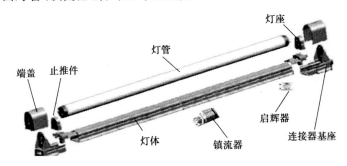

图4-19 日光灯结构

2. 工作原理

日光灯管的内壁涂有一层荧光物质,管两端装有灯丝电极,灯丝上涂有受热后易发射电子的氧化物,管内充有稀薄的惰性气体和水银蒸气。镇流器是一个带有铁芯的电感线圈。启辉器由一个辉光管(管内由固定触头和倒U形双金属片构成)和一个小容量的电容组成,装在一个圆柱形的外壳内。当接通电源时,由于灯管没有点燃,启辉器的辉光管上(管内的固定触头与倒U形双金属片之间)因承受了220 V的电源电压而辉光放电,使倒U形双金属片受热弯曲而与固定触头接触,电流通过镇流器及灯管两端的灯丝及启辉器构成回路。灯丝因有电流(启动电流)流过被加热而发射电子。同时,启辉器中的倒U形双金属片由于辉光放电结束而冷却,与固定触头分离,使电路突然断开。在此瞬间,镇流器产生的较高感应电压与电源电压一起(为400～600 V)加在灯管的两端,迫使管内发生弧光放电而发光。灯管点燃后,由于镇流器的限流作用,使得灯管两端的电压较低(30 W灯管约100 V),而启辉器与灯管并联,较低的电压不能使启辉器再次动作。

七、插座的安装

常见家用的电源插座大多是单相二孔插座和单相三孔插座,如图4-20所示。

两孔插座只有火线L和零线N,通常接线方式是左孔接零线右孔接火线。三孔插座相比两孔插座多了地线PE孔,三相插座左孔接零线,右孔接火线,中间孔接地线。

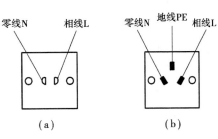

(a)　　　　(b)

图4-20 常见的家用电源插座

【任务实施】

本任务是安装一个家庭照明电路,通过电路的安装,认识家庭照明电路各部分的功能作用;同时学会电工的基本操作规范、安装工艺规范和安全规范;体验交流电的用途,为后续交流电的学习打下基础。

一、器材准备

按照原理图清点器材(见图 4-21),明确各器材的功能作用。

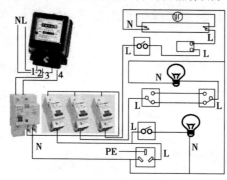

图 4-21 模拟家庭照明电路原理图

二、安装要求

①按规定用红色的导线作火线,用蓝色的导线作零线,整个电路中严禁使用别的颜色的导线。

②配线长度适度,线头在接线桩上压接不得压住绝缘层,压接后裸线部分不得大于 1 mm。

③线头应压接牢固,稍用力拉扯不应有松动感。

④走线横平竖直,分布均匀,转角圆成 90°,弯曲部分自然圆滑,弧度全电路保持一致。

⑤长线沉底,走线成束,同一平面内不允许有交叉线。必须交叉时,应在交叉点架空跨越。

⑥两线间距不小于 2 mm。当导线互相交叉时,为避免碰线,在每根导线上应套上塑料管或绝缘管,并须将套管固定。

三、安装步骤

①布线:根据电路各零部件的大小尺寸在实验板上进行合理布局定位,然后使用线卡在实验板上进行合理布线。

②固定开关和插座。

③电路连接:根据电路图将各零部件用导线连接,装上日光灯及电表。

④通电前检查:接好电路,用万用表检查电路通断及是否正常。

⑤经老师检查合格后接通电源,通电试验。

四、记录

将模拟家庭照明电路的测试结果记录在表4-4中。

表4-4　模拟家庭照明电路的测试

测试项目		测试结果	故障原因	处理方法
测日光灯	开关能否控制			
	是否点亮			
	两端电压			
测白炽灯	开关能否控制			
	是否点亮			
	两端电压			
试电笔测插座	左孔			
	右孔			
	中间孔			
电表	电表是否运转			
	电表读数			
任务完成心得:				

【任务评价】

任务内容	任务要求	完成情况		
		能独立完成	能在老师指导下完成	不能完成
识别器材	能识别相关器材			
操作规范	剥线规范			
	接线规范			
	绝缘层包扎规范			
	装配规范			
	布线规范			
操作安全	符合用电安全			
自我评价				
教师评价				
任务总评				

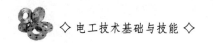

【知识拓展】

LED 灯以它体积小、寿命长、亮度高、节能环保等优势正在走近普通家庭,LED 灯将取代白炽灯、日光灯等普通家用照明灯具。

LED(Light Emitting Diode)发光二极管,是一种能够将电能转化为可见光的固态的半导体器件,它可直接把电转化为光。LED 的心脏是一个半导体的晶片,晶片的一端附在一个支架上,一端是负极,另一端连接电源的正极,整个晶片被环氧树脂封装起来。半导体晶片由两部分组成:一部分是 P 型半导体,另一部分是 N 型半导体。这两种半导体连接起来的时候,它们之间就形成一个 P-N 结。当电流通过导线作用于这个晶片的时候,电子就会被推向 P 区,在 P 区里电子与空穴复合,然后就会以光子的形式发出能量,这就是 LED 灯发光的原理。而光的波长也就是光的颜色,是由形成 P-N 结的材料决定的。

【知识巩固】

1. 空气开关在电路中的作用是＿＿＿＿＿＿＿＿＿＿＿。
2. 大于＿＿＿＿的交流电流过人体就可能有生命危险。
3. 照明电路用字母＿＿＿＿表示火线,用＿＿＿＿表示零线。

任务三　基本正弦交流电路的连接与测试

【任务分析】

已知电阻电容电感是电路的基本组成,在直流部分学习了它们的直流特性。本任务主要认识由电阻、电容、电感单独在正弦交流电路中的结构与运用,并研究它们在电路中的特性,同时掌握正弦交流电的相量表示法,为后续学习复杂正弦交流电路打下基础。

【知识准备】

一、纯电阻电路

纯电阻电路就是除电源外只有电阻元件的电路,电感和电容可忽略不计。电压与电流同频且同相位。电阻将从电源获得的能量全部消耗掉,这种电路就称为纯电阻电路,如图 4-22 所示。例如,电烙铁、熨斗、电炉等,它们只是发热,都视为纯电阻电路。

1. 电压电流间的关系

由欧姆定律

$$u = iR(瞬时值)$$

设 $u = \sqrt{2}U \sin \omega t$，则

$$i = \frac{u}{R} = \sqrt{2}\,\frac{U}{R}\sin \omega t = \sqrt{2}I \sin \omega t$$

由此可知，电压与电流的关系如下：

①频率相同。

②相位相同。

③有效值为

$$I = \frac{U}{R}$$

2. 电阻电路中的功率

如图 4-22 所示的纯电阻电路中，瞬时功率为

$$P = ui = 2UI \sin^2 \omega t$$

电阻在电路中的功率消耗情况如图 4-23 所示。其特点如下：

①P 随时间变化且频率加倍。

②$P \geqslant 0$，所以电阻是耗能原件。

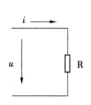

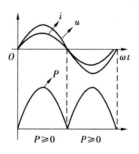

图 4-22　纯电阻电路　　　　图 4-23　电阻在电路中的功率消耗情况

二、纯电感电路

纯电感电路是指除交变电源外只含有电感元件的电路。电感两端的电压与电流同频率，但电压比电流的相位超前 $\pi/2$，电感本身不消耗能量。

在直流电路中，影响电流与电压关系的只有电阻。在交流电路中，除了电阻还有电感和电容。电感对交流电起阻碍作用，为什么电感对交流电有阻碍作用呢？交流电通过电感线圈时，电流时刻在改变，电感线圈中必然产生自感电动势，阻碍电流的变化，这样就形成了对电流的阻碍作用。在电工技术中，变压器、电磁铁等的线圈，一般是用铜线绕的。铜的电阻率很小，在很多情况下，线圈的电阻比较小，可略去不计，而认为线圈只有电感。只有电感的电路称为纯电感电路，如图 4-24 所示。

1. 电压电流间的关系

设瞬时值电流 $i = \sqrt{2}I \sin \omega t$，则

$$u = iX_\mathrm{L} = \sqrt{2}I\omega L \sin(\omega t + 90°)$$

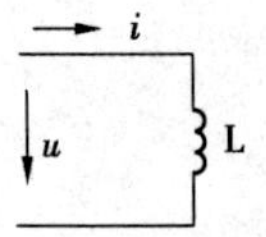

图 4-24　纯电感电路

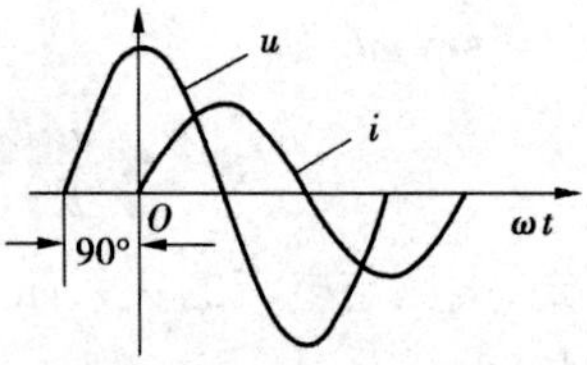

图 4-25　纯电感电路中电压与电流的关系

由图 4-25 可知，电压与电流的关系如下：

①频率相同。

②电压相位超前电流 90°。

③有效值为

$$U = I \cdot X_\mathrm{L} = I \cdot wL$$

其中，$X_\mathrm{L} = \omega L = 2\pi fL$ 称为感抗。

④感抗 $X_\mathrm{L} = \omega L$（单位：Ω）只是电压与电流最大值或有效值的比值，而不是电压与电流瞬时值的比值，这是因为 u 和 i 的相位不同。f 越高 X_L 越大，表示电感对电流的阻碍作用越大（电流越难通过）。电感元件对高频电流的阻碍作用很大，而对直流可视为短路。

2. 电感电路中的功率

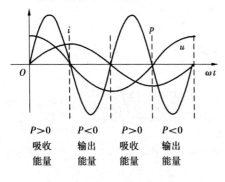

$P>0$　$P<0$　$P>0$　$P<0$
吸收　　输出　　吸收　　输出
能量　　能量　　能量　　能量

图 4-26　纯电感电路的功率

电感电路的瞬时功率为

$$p = iu = UI \sin 2\omega t$$

如图 4-26 所示，电感元件的瞬时功率随时间以 2ω 变化，能量转换过程可逆。理想电感的平均功率为零，即不消耗能量，只有能量的交换。

三、纯电容电路

顾名思义，纯电容电路就是电路中只有电容或电容性元件，没有电阻电感之类的其他元件，整个电路呈电容特性，如图 4-27 所示。一般电路属纯电容电路的不多。在生活中，纯电容电路最常见的例子就是给电池、电瓶充电。

1. 电压电流间的关系

设 $u = \sqrt{2}U \sin \omega t$，则

$$i = \frac{u}{X_\mathrm{C}} = \sqrt{2}UC\omega \cos \omega t$$

$$= \sqrt{2}\,\frac{U}{\dfrac{1}{\omega C}}\sin(\omega t + 90°)$$

纯电容电路中电压与电流的关系如图 4-28 所示。

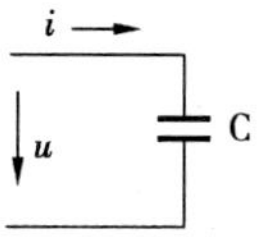

图 4-27　纯电容电路

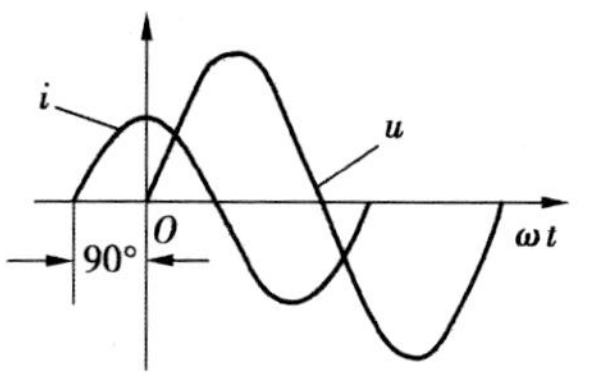

图 4-28　纯电容电路中电压与电流的关系

①频率相同。

②相位相差:电流超前电压(也可以说 u 落后 i)90°。

③有效值为

$$I = U\omega C \quad 或 \quad U = \frac{1}{\omega C}I$$

④容抗为

$$X_C = \frac{1}{\omega C} = \frac{1}{2\pi fC}$$

在如图 4-29 所示中,f 越高 X_C 越小,表示电容对电流的阻碍作用越小(电流越易通过),电容元件具有隔直通交的作用。

2. 电容电路中的功率

电容电路的瞬时功率为

$$p = iu = UI \sin 2\omega t$$

如图 4-30 所示,电容元件的瞬时功率随时间以 2ω 变化,能量转换过程可逆。理想电容的平均功率为零,即不消耗能量,只有能量的吞吐。

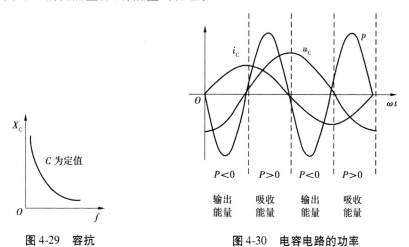

图 4-29　容抗

图 4-30　电容电路的功率

【任务实施】

本任务是分别连接纯电阻、电感、电容电路,通过用示波器观测电阻、电感、电容两端的电压的波形图,研究电阻、电容、电感在正弦交流电路中的特性。掌握用示波器观测正弦交流电路中电压与电流之间的相位差。

一、测量原理

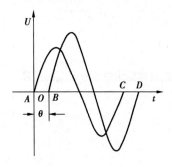

图 4-31　测量原理

在感性电路中,电压超前电流一个电角度;在容性电路中,电流超前电压一个电角度;当电路成电阻性时,电压与电流是同相位的。因为示波器不能直接测量电流信号,只能观测电压信号,利用在电阻上的两端电压与电流是同相位关系,用示波器观测电阻两端的电压波形,就可表示为电流的波形,只不过幅度再被电阻值除一下即可。

如图 4-31 所示,θ 是两个被测信号的相位差,AC 和 BD 是被测信号周期的长度,AB 是两个被测信号相位差的长度,根据比例关系,由于 $\dfrac{\theta}{2\pi} = \dfrac{AB}{AC}$,则相位差

$$\theta = \frac{AB}{AC} \times 2\pi$$

二、任务实施步骤

1. 电阻在正弦交流电路中的测量

电阻在正弦交流电路中的测量原理图如图 4-32 所示。

①调节低频信号发生器 $f = 10$ kHz,$U_S = 2$ V,$R = 50$ Ω。

②用示波器观察 U,I 的相位关系,记录其波形及相位差。

③改变 R 值,观察其相位变化。

④改变 f 值,观察其相位变化。

2. 电容在正弦交流电路中的测量

电容在正弦交流电路中的测量原理图如图 4-33 所示。

①调节低频信号发生器 $f = 1$ kHz,$U_S = 2$ V,$R = 10$ Ω,$C = 2$ μf。

②用示波器观察 U,I 的相位关系,记录其波形及相位差。

③改变 R 值,观察其相位变化。

④改变 f 值,观察其相位变化。

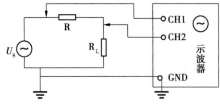

图 4-32　测电阻连线示意图　　　　　　　图 4-33　测电容连线示意图

3. 电感在正弦交流电路中的测量

电感在正弦交流电路中的测量原理图如图 4-34 所示:

①调节低频信号发生器 $f = 10$ kHz, $U_S = 2$ V, $R = 50$ Ω, $L = 3.3$ MH。

②用示波器观察 U, I 的相位关系,记录其波形及相位差。

③改变 R 值,观察其相位变化。

④改变 f 值,观察其相位变化。

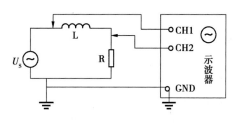

图 4-34 测电感连线示意图

【友情提示】

测量时,要正确使用有关仪器、仪表,并注意低频信号发生器、双踪示波器都有接地问题,即仪器的地线必须与被测电路的零电位相连。

三、测试记录

将正弦交流电路的测试结果记录在表 4-5 中。

表 4-5 正弦交流电路的测试

项 目		电阻电路	电容电路	电感电路
信号 U_S 波形图				
测量项目	u, i 波形图			
	u, i 相位差			
电路性质				
任务心得:				

【任务评价】

任务内容	任务要求	完成情况		
		能独立完成	能在老师指导下完成	不能完成
电阻、电容、电感交流电压电流的测量	能正确测量波形图			
	能正确测量相位差			
自我评价				
教师评价				
任务总评				

【知识巩固】

1. 电容元件在直流中相当于_____,在高频交流电路中相当于_____。(开路　通路)

2. 感抗、容抗和电阻有何相似之处? 有何不同之处?

3. 一个 0.7H 的电感线圈,电阻可以忽略不计。

(1)将它接在 220 V,50 Hz 的交流电源上,试求流过线圈的电流。

(2)若电源频率为 500 Hz,其他条件不变,流过线圈的电流将如何变化?

任务四　复杂正弦交流电路的连接与测试

【任务分析】

本任务学习由电阻、电感、电容组成的 RLC 串并联构成的谐振电路。谐振电路广泛应用于广播、电视、通信领域,学习 RLC 谐振电路为进一步学习电路打下基础。本任务通过 RLC 串联谐振电路的连接测试,掌握构成谐振的原理和条件,能测定绘制谐振电路的频率特性曲线。

【知识准备】

一、RLC 串联电路

RLC 电路是一种由电阻（R）、电感（L）和电容（C）串联组成的电路结构，如图 4-35 所示。

1. 电路瞬时值

RLC 串联电路的总电压瞬时值等于多个元件上电压瞬时值之和，即 $u = u_R + u_L + u_C$。

由于 u_R, u_L, u_C 的相位不同，因此总电压的有效值不等于各个元件上电压有效值之和。

2. RLC 电路相量

以电流为参考相量，画出相量图如图 4-36 所示。

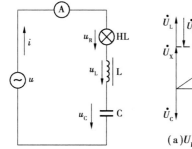

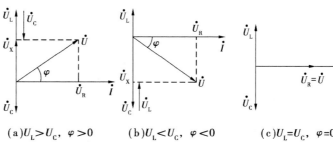

(a)$U_L > U_C$, $\varphi > 0$　　(b)$U_L < U_C$, $\varphi < 0$　　(c)$U_L = U_C$, $\varphi = 0$

图 4-35　RLC 串联　　　　图 4-36　RLC 串联电路相量图

电路原理图

由相量图 4-36 可得

$$U = \sqrt{U_R^2 + (U_L - U_C)^2}$$

由欧姆定律上式可变为

$$U = I\sqrt{R^2 + (X_L - X_C)^2} = I\sqrt{R^2 + X^2} = IZ$$

电抗：$X = X_L - X_C$，称为电抗，单位：Ω。

阻抗：$Z = \sqrt{R^2 + X^2}$，称为阻抗，单位：Ω。

φ 称为阻抗角，它是总电压与电流的相位差。

电感性电路：如图 4-36（a）所示，当 $X_L > X_C$ 时，则 $U_L > U_C$，阻抗角 $\varphi > 0$，电路呈电感性。

电容性电路：如图 4-36（b）所示，当 $X_L < X_C$ 时，则 $U_L < U_C$，阻抗角 $\varphi < 0$ 电路呈电容性。

电阻性电路：如图 4-36（c）所示，当 $X_L = X_C$ 时，则 $U_L = U_C$，阻抗角 $\varphi = 0$，电路呈电阻性，且总阻抗 Z 最小，电流达到最大，电压与电流同相，电路的这种状态称为串联谐振。

3. RLC 串联谐振

RLC 串联谐振时，$X_L = X_C$，即

$$\omega L = \frac{1}{\omega C}$$

谐振时的角频率 ω 记为 ω_0,频率 f 记为 f_0。它们分别为

$$\omega_0 = \frac{1}{\sqrt{LC}} \quad f_0 = \frac{1}{2\pi\sqrt{LC}}$$

上式表明,谐振频率仅与元器件参数 L,C 有关,而与电阻 R 无关。电路处于谐振状态时,其特征如下:

①阻抗 Z 达到最小,电路呈电阻性,电流与输入电压同相。

②电感电压与电容电压数值相等、相位相反。此时,电路中电感电压(或者电容电压)与电源电压之比,称为品质因数 Q,即

$$Q = \frac{U_L}{U_S} = \frac{U_C}{U_S} = \frac{\omega_0 L}{R} = \frac{1}{\omega_0 CR} = \frac{1}{R}\sqrt{\frac{L}{C}}$$

在 L 和 C 固定时,Q 值仅与电路中的电阻 R 有关。Q 值越大,表明串联谐振时电感和电容两端的电压越高,甚至会远远大于电源电压。

③在电源电压不变时,回路中的电流达到最大值,即

$$I = I_0 = \frac{U_S}{R}$$

4. RLC 串联谐振时的频率特征

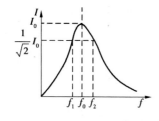

图 4-37　频率特征

回路的电流与电源频率的关系,称为电流的幅频特性;表明其关系的图形,称为幅频特性曲线。为了衡量谐振电路对不同频率的选择能力,引进通频带的概念,把幅频特性曲线的幅值从 I_0 下降到 $\frac{I_0}{\sqrt{2}}$ 时所对应的上下频率之间的宽度,称为通频带,如图 4-37 所示,用 BW 表示,即

$$BW = f_2 - f_1$$

【知识窗】

　　在无线电技术中,常利用谐振电路从众多的电磁波中选出所需要的信号,这一过程称为调谐。收音机调谐就是利用谐振的原理从众多不同频率的无线电信号中选出需要收听节目的频率信号。

二、RLC 并联谐振电路

串联谐振电路只适用于电源内阻较小的场合,当电源内阻较大时,电路的品质因数变小,选频特性变差。这时,宜采用并联谐振电路,如图 4-38 所示。

1. 谐振条件

当 $X_L = X_C$ 时,u 与 i 同相位,电路即可发生谐振。

由 $\omega C = \dfrac{1}{\omega L}$,可得

$$f_0 = \frac{1}{2\pi\sqrt{LC}}$$

由此可知,相同的电感和电容当它们接成串联电路或并联电路时,其谐振频率相等。

2. RLC 并联谐振电路的特点

①电路的等效阻抗为纯电阻,阻抗最大,总电流最小。阻抗与频率的关系如图 4-39 所示。

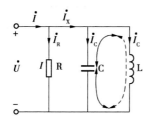

图 4-38 RLC 并联谐振电路

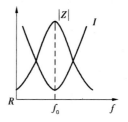

图 4-39 频率与阻抗的关系曲线

②支路电流与总电流之比,称为品质因数,且 $Q = R\sqrt{\dfrac{C}{L}}$,其值可达几十到几百,说明电路谐振时,电感或电容支路的电流会大大超过总电流,因此并联谐振又称为电流谐振。

【任务实施】

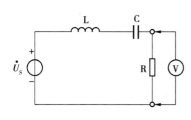

图 4-40 RLC 串联电路图

连接如图 4-40 所示的 RLC 串联电路,测出电路的谐振频率,并画出不同品种因数 Q 时的幅频特性曲线。

一、任务原理

用交流毫伏表测量 R 两端电压的同时改变信号发生器的频率,当交流毫伏表读数达到最大时(电流达到最大),此时信号源的频率即为电路的谐振频率。

根据品种因数 $Q = \dfrac{\sqrt{\dfrac{L}{C}}}{R}$,即改变电阻 R 可测出不同 Q 值下的电流幅频特性曲线。

二、任务步骤

按图 4-39 连接电路,电源 U_S 为低频信号发生器,取 $L = 30$ mH,$C = 0.01$ μF,$R = 200$ Ω,电源的输出电压 $U_S = 3$ V。

①根据 $f_0 = \dfrac{1}{2\pi\sqrt{LC}}$ 计算出谐振频率。

②用交流毫伏表接在 R 两端,观察 U_R 的大小,然后调整输入电源的频率,使电路达到串联谐振。当观察到 U_R 最大值时,电路即发生谐振,此时频率即为 f_0。

③以 f_0 为中心,调整输入电源的频率从 1~15 kHz,在 f_0 附近多取测试点,用交流毫伏

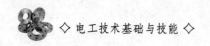

表测量每个测试点的 U_R 值,然后计算出电流 I 的值。

④保持 $U_s = 3$ V,$L = 30$ mH,$C = 0.01$ μF,改变 R 使 $R = 1$ kΩ,重复步骤③。

⑤根据所测得数据在坐标纸上绘制所测电路的幅频特性曲线。

三、测试记录

将复杂正弦交流电路的测试结果记录在表4-6中。

表4-6　复杂正弦交流电路的测试

$f(\text{Hz})$ 1 ~ 15 k					f_0				
$R = 200$ Ω 时 U_R 数值									
计算得出 $I(\text{mA})$ 值									
$R = 1$ kΩ 时 U_R 数值									
计算得出 $I(\text{mA})$ 值									
谐振电路的滤波原理:									
幅频特性曲线:									
任务心得:									

【任务评价】

任务内容	任务要求	完成情况		
		能独立完成	能在老师指导下完成	不能完成
谐振频率	能计算谐振频率			
	能测量谐振频率			
绘制幅频特性曲线	能正确绘制幅频特性曲线			
谐振电路滤波原理	能复述滤波原理			
自我评价				
教师评价				
任务总评				

【知识巩固】

1. 在 RLC 串联正弦交流电路中,已知 $X_L = X_C = 20\ \Omega$,总电压有效值为 220 V,电感上的电压为____V。

2. 把一盏白炽灯与 RLC 串联电路串接入电压为 220 V、频率为 50 Hz 的交流电源中,灯泡亮时电路发生谐振,现将电源频率增加到 100 Hz,请问灯泡亮度如何变化? 并说出原因。

任务五　认识三相正弦交流电路

【任务分析】

现代电力工程上几乎都采用三相正弦交流电。三相正弦交流供电系统在发电、输电和配电方面具有很多单相供电不可比拟的优点。例如,三相电机的稳定性好,三相交流电的产生与传输比较经济,三相负载和单相负载相比,容量相同情况下体积要小得多,因而三相供电在生产和生活中得到了极其广泛的应用。本任务学习三相正弦交流电电源和负载星形和

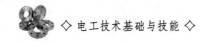

三角形接法的不同特点,通过连接并测试三相正弦交流电路的电压和电流,为后续学习电动机及机床等电路打下基础。

【知识准备】

一、功率概念

1. 有功功率 P

在交流电路中,阻性元器件上所消耗的功率为有功功率,以 P 表示,其单位为瓦(W)和千瓦(kW)。

交流电的瞬时功率不是一个恒定值,功率在一个周期内的平均值称为有功功率,它是指在电路中电阻部分所消耗的功率。有功功率是保持用电设备正常运行所需的电功率,也就是将电能转换为其他形式能量(机械、光能、热能)的电功率。

有功功率与电压、电流的关系为

$$P = UI \cos \varphi$$

式中　U——电压的有效值,V;

　　　I——电流的有效值,A;

　　　P——有功功率,W;

　　　$\cos \varphi$——功率因素。

2. 无功功率 Q

在交流电路中,电感或电容元件与电源之间只进行能量的交换,而不消耗能量,故把这部分功率称为无功功率 Q,其单位为乏(var)。

无功功率与电压、电流间的关系为

$$Q = UI \sin \varphi$$

无功功率是用于电路内电场与磁场的交换,并用来在电气设备中建立和维持磁场的电功率。它不对外做功,而是转变为其他形式的能量。凡是有电磁线圈的电气设备,要建立磁场,就要消耗无功功率。

3. 视在功率 S

在交流电路中,电压与电流的乘积等于功率,故把这一部分功率称为视在功率。它既不是有功功率,也不是无功功率,通常均以视在功率表示变压器等设备的容量,其单位为伏安(VA)和千伏安(kVA)。视在功率与有功功率和无功功率的关系为

$$S = \sqrt{P^2 + Q^2}$$

二、三相正弦交流电的产生

电能可以由水能(水力发电)、热能(火力发电)、核能(核能发电)、化学能(电池)、太阳能(太阳能电站)等转换而得。而各种电站、发电厂,其能量的转换由三相发电机来完成。例如,三峡电站,三相水轮发电机将水能转换为电能;火电站,三相汽轮发电机将燃烧煤炭产生的热能转换为电能。三相交流电是如何产生的? 它有何特点?

如图 4-40 所示为三相交流发电机的原理图。磁极放在转子上,一般均由直流电通过励磁绕组产生一个很强的恒定磁场。当转子由原动机拖动作匀速转动时,三相定子绕组即切割转子磁场而感应出三相交流电动势。

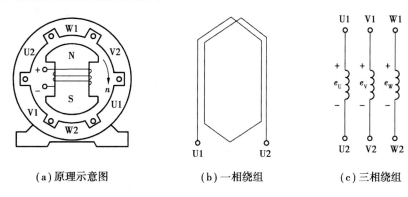

(a)原理示意图　　　　(b)一相绕组　　　　(c)三相绕组

图 4-41　三相交流发电机的原理图

这 3 个电动势的表达式为

$$\begin{cases} u_U = U_m \sin \omega t \\ u_V = U_m \sin(\omega t - 120°) \\ u_W = U_m \sin(\omega t - 240°) \end{cases}$$

其波形图如图 4-42(a)所示,相量图如图 4-42(b)所示。

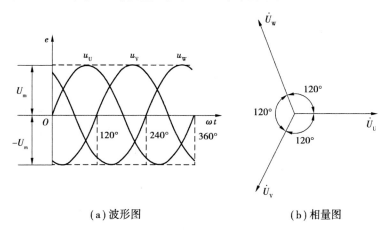

(a)波形图　　　　　　(b)相量图

图 4-42　三相交流电波形图和相量图

从图 4-42(a)中可知,三相交流电动势在任一瞬间其 3 个电动势的代数和为零,即

$$u_U + u_V + u_W = 0$$

从图 4-42(b)中可知,三相正弦交流电动势的相量和也等于零,即

$$\dot{U}_U + \dot{U}_V + \dot{U}_W = 0$$

三、三相电源的星形连接(Y 连接)

将电源的三相绕组末端 U2,V2,W2 连在一起,首端 U1,V1,W1 分别与负载相连,这种方式就称为星形连接。其接法如图 4-43 所示。

1. 中点、中性线、相线

三相绕组末端相连的一点称为中点或零点,一般用"N"表示。从中点引出的线称为中性线(简称中线),由于中线一般与大地相连,通常又称为地线(或零线)。从首端 U1,V1,W1 引出的 3 根导线称为相线(或端线)。由于它与大地之间有一定的电位差,一般统称为火线。

2. 输电方式

由 3 根火线和一根地线所组成的输电方式称为三相四线制(通常在低压配电系统中采用)。只由 3 根火线所组成的输电方式称为三相三线制(在高压输电时采用较多)。

3. 三相电源星形连接时的电压关系

①相电压 U_P:即每个绕组的首端与末端之间的电压。相电压的有效值用 U_U,U_V,U_W 表示。

②线电压 U_L:即各绕组首端与首端之间的电压,即任意两根相线之间的电压称为线电压。其有效值分别用 U_{UV},U_{VW},U_{WU} 表示。

③线电压 U_L 与相电压 U_P 的关系:三相电源 Y 形连接时的电压相量图如图 4-44 所示,3 个相电压大小相等,在空间各相差 120° 电角度。

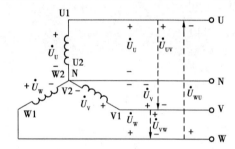

图 4-43 三相电源的星形连接(有中性线)   图 4-44 电源星形连接时的电压相量图

因此,两端线 U 与 V 之间的线电压应该是两个相应的相电压之差,即

$$\begin{cases} \dot{U}_{UV} = \dot{U}_U - \dot{U}_V \\ \dot{U}_{VW} = \dot{U}_V - \dot{U}_W \\ \dot{U}_{WU} = \dot{U}_W - \dot{U}_U \end{cases}$$

线电压大小利用几何关系,可求得为

$$U_{UV} = 2U_U \cos 30° = \sqrt{3} U_U$$

同理,可得

$$U_{VW} = \sqrt{3} U_V \quad U_{WU} = \sqrt{3} U_W$$

结论:三相电路中线电压的大小是相电压的 $\sqrt{3}$ 倍,线电压相位超前相电压 30°,有效值的关系为 $U_L = \sqrt{3} U_P$;相量的关系为 $\dot{U}_L = \sqrt{3} \dot{U}_P \angle 30°$。

平常我们讲的电源电压为 220 V,即是指相电压;讲电源电压为 380 V,即是指线电压。

由此可知,三相四线制的供电方式可给负载提供两种电压,即线电压 380 V 和相电压 220 V,因而在实际中获得了广泛的应用。

四、三相电源的三角形连接(△连接)

如图 4-45 所示,将电源一相绕组的末端与另一相绕组的首端依次相连(接成一个三角形),再从首端 U,V,W 分别引出端线,这种连接方式就称为三角形连接。

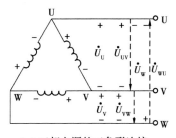
（a）三相电源的三角形连接

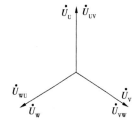
（b）电源三角形连接的相量图

图 4-45　三相电源的三角形连接

三相电源三角形连接时的电压关系为

$$\begin{cases} \dot{U}_\text{U} = \dot{U}_\text{UV} \\ \dot{U}_\text{V} = \dot{U}_\text{VW} \\ \dot{U}_\text{W} = \dot{U}_\text{WU} \end{cases}$$

由图 4-45(a)可知,三相电源三角形连接时,电路中线电压与相电压相等,即

$$U_\text{L} = U_\text{P}$$

由图 4-45(b)可知,3 个线电压之和为零,即

$$\dot{U}_\text{UV} + \dot{U}_\text{VW} + \dot{U}_\text{WU} = 0$$

【想一想】

交流电源可采用三角形接法,那么直流电源可以采用三角形接法吗? 为什么?

五、三相负载的星形连接

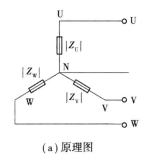
（a）原理图

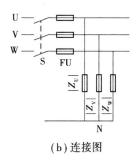
（b）连接图

图 4-46　三相负载的星形连接

如图 4-46 所示为三相负载星形连接的电路图。它的接线原则与电源的星形连接相似，即将每相负载末端连成一点 N(中性点 N)，首端 U，V，W 分别接到电源线上。

线电压 U_L：三相负载的线电压就是电源的线电压，也就是两根相线之间的电压。

相电压 U_P：每相负载两端的电压称为负载的相电压。

中线电流 I_N：流过中线的电流称为中线电流。

对于三相电路中的每一相而言，可以看成一个单相电路，因此，各相电流与电压间的相位关系可用讨论单相电路的方法来讨论。

三相四线制的特点如下：

①相电流 I_P 等于线电流 I_L，即

$$I_P = I_L$$

②加在负载上的相电压 U_P 与线电压 U_L 之间为

$$U_L = \sqrt{3} U_P$$

③流过中性线 N 的电流 $\dot{I}_N$ 为

$$\dot{I}_N = \dot{I}_U + \dot{I}_V + \dot{I}_W$$

当三相电路中的负载完全对称时，流过中性线的电流等于零。在三相对称电路中，当负载采用星形连接时，由于流过中性线的电流为零，故三相四线制就可变成三相三线制供电。如三相异步电动机及三相电炉等，此时电源对该类负载就不需接中性线。通常在高压输电时，由于三相负载都是对称的三相变压器，因此都采用三相三线制供电。

若三相负载不对称，则中性线电流不为零，中性线不能省略，并且在中性线上不能安装开关、熔断器。

六、三相负载的三角形连接

将三相负载分别接在三相电源的每两根相线之间的接法，称为三相负载的三角形连接，如图 4-47 所示。

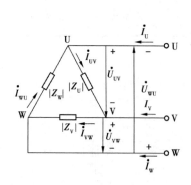

（a）三相负载的三角形连接

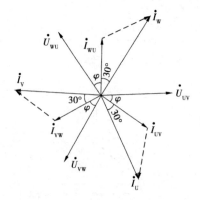

（b）三相对称负载电流电压的向量图

图 4-47　三相负载的三角形连接

由于三角形连接的各相负载是接在两根相线之间,因此负载的相电压就是线电压。3个相电流在相位上互差120°,如图4-47(b)所示画出了三相对称负载电流电压的相量图,假定电压超前电流一个角度。因此,线电流分别为

$$\begin{cases} \dot{I}_U = \dot{I}_{UV} - \dot{I}_{WU} \\ \dot{I}_V = \dot{I}_{VW} - \dot{I}_{UV} \\ \dot{I}_W = \dot{I}_{WU} - \dot{I}_{VW} \end{cases}$$

当负载对称时,电流电压的关系如下:

①线电流是相电流的$\sqrt{3}$倍,有效值的关系为

$$I_L = \sqrt{3} I_P$$

②线电流滞后相电流30°,相量的关系为

$$\dot{I}_L = \sqrt{3} \dot{I}_P \angle -30°$$

③线电压 U_L 与相电压 U_P 相等,即

$$U_L = U_P$$

又根据 KVL 和 KCL,可得

$$i_U + i_V + i_W = 0$$

$$\dot{I}_U + \dot{I}_V + \dot{I}_W = 0$$

七、三相电路的功率

单相电路中有功功率的计算公式为

$$P = UI \cos \varphi$$

三相交流电路中,三相负载消耗的总电功率为各相负载消耗功率之和,即

$$P = P_1 + P_2 + P_3$$

负载对称时星形接法为

$$U_L = \sqrt{3} U_P \qquad I_L = I_P$$

负载对称时三角形接法为

$$U_L = U_P \qquad I_L = \sqrt{3} I_P$$

故

$$P = \sqrt{3} U_L I_L \cos \varphi$$

在三相负载对称的条件下:

有功功率为

$$P = \sqrt{3} U_L I_L \cos \varphi$$

无功功率为

$$Q = \sqrt{3} U_L I_L \sin \varphi$$

视在功率为

$$S = \sqrt{3}U_LI_L$$

【任务实施】

本任务通过测量三相交流电源电压来认识电源线电压与相电压的关系;通过对负载三角形和星形连接时电压电流的测量,来认识负载对称和不对称时产生的不同结果。相关实验仪器和设备见表4-7。

表4-7 实验仪器和设备

序 号	名 称	规 格	数 量
1	380 V 三相电源		1组
2	220 V 单相电源		1组
3	白炽灯泡	220 V,40 W	12 只
4	交流数字电压表	500 V	1块
5	交流数字电流表	2 A	1块

一、测量三相交流电源电压

用交流数字电压表测量实验台上三相四线制电源的相、线电压值,测量两组三相电源的线电压和相电压的数值并填入表4-8中。

表4-8 三相交流电测量记录表

测量电压	U_{AB}	U_{BC}	U_{CA}	U_A	U_B	U_C
380 V 电源						
根据表中测量数据简述电源相电压与线电压的关系:						

二、负载作三角形连接时负载电压电流的测量

按如图4-48所示连接电路,注意电源标志。接线完毕,必须经教师检查后方可接通电源。在开关K合上和断开时观察各个灯泡的亮度,测量各相电压并读出电流,将数据记录在表4-9中。

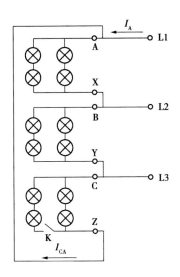

图 4-48　电路连接原理图

表 4-9　三角形连接电路测量参数记录

测量电量	U_{AB}	U_{BC}	U_{CA}	I_A	I_{CA}
对称负载					
不对称负载					

根据表中测量数据总结负载作三角形连接时,一相负载阻值变化对另外两相的影响:

三、负载作星形连接

将三相灯泡负载作星形连接(见图 4-49),在开关 K 闭合时三相负载对称,在开关 K 断开时三相负载不对称。开关 QS 断开时,代表负载无中性线;开关 QS 闭合时,代表负载有中性线。按要求测量数据并填入表 4-10 中。

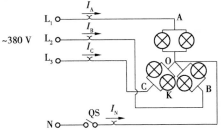

图 4-49　负载星形连接图

表 4-10　星形连接电路测量参数记录

		对称负载		不对称负载	
		有中性线	无中性线	有中性线	无中性线
相电压 /V （负载侧）	U_A				
	U_B				
	U_C				
电流 /A	I_A				
	I_B				
	I_C				
	I_N				
根据表中测量的数据总结中性线的作用：					

【任务评价】

任务内容	任务要求	完成情况		
		能独立完成	能在老师指导下完成	不能完成
三相电源线	能掌握线电压与相电压的关系			
负载三角形连接	能正确连接负载的三角形电路			
	能理解负载对称和不对称的概念			
负载星形连接	能正确连接负载的星形电路			
	能理解中性线的作用			
自我评价				
教师评价				
任务总评				

【知识拓展】

逆变器

逆变器是把直流电能(电池、蓄电瓶)转变成交流电(一般为 220 V 50 Hz 正弦或方波)。通俗地讲,逆变器是一种将直流电(DC)转化为交流电(AC)的装置。它由逆变桥、控制逻辑和滤波电路组成。广泛适用于空调、家庭影院、电动砂轮、电动工具、缝纫机、DVD、VCD、计算机、电视、洗衣机、抽油烟机、冰箱、录像机、按摩器、风扇、照明等。

简单地说,逆变器就是一种将低压(12 V 或 24 V 或 48 V)直流电转变为 220 V 交流电的电子设备。因为我们通常是将 220 V 交流电整流转换成直流电来使用,而逆变器的作用与此相反,因此而得名。当前,人们不但需要由电池或电瓶供给的低压直流电,同时更需要我们在日常环境中不可或缺的 220 V 交流电,逆变器就可以满足我们的这种需求。在光伏发电系统中,光伏逆变器就是应用在太阳能光伏发电系统中的逆变器,是光伏系统中的一个重要部件。逆变器效率的高低影响着光伏发电系统效率的高低,因此,逆变器的选择非常重要。随着技术的不断发展,光伏逆变器也将向着体积更小、效率更高、性能指标更优越的方向发展。

图 4-50　逆变器

【知识巩固】

1. 三相电源相线与中性线之间的电压,称为_____。

   三相电源相线与相线之间的电压,称为_____。

2. 我国在三相四线制(低压供电系统)的照明电路中,相电压是____V,线电压是____V。

3. 三相交流电路中,只要负载对称,无论作何连接,其有功功率均为_____。

项目五

基本电气控制线路的安装

　　用电动机拖动生产机械时,必须有相应的电气线路来控制电动机,以实现生产机械的各项功能。根据各种生产机械的工作性质和加工工艺不同,配备和组合适当的低压电器元件使得电动机按照生产机械的要求正常安全地运转,这就构成了特定的电气控制线路。

　　在生产实践中,一台生产机械的控制线路可能比较简单,也可能相当复杂,但任何复杂的控制线路总是由一些基本的控制线路有机地组合起来的。

【知识目标】

1. 能描述常用低压电器元件及其使用场合。

2. 能说明三相异步电动机典型线路的控制原理。

3. 能描述常用低压电器元件的电气符号及结构原理。

【技能目标】

1. 能安装与维修常用机床电气控制线路。

2. 能够独立识别三相异步电动机典型线路的控制原理图,并能进行电路安装及故障检修。

【情感目标】

1. 对常用低压电器有一定的认识。

2. 提高对专业的学习兴趣。

3. 养成独立思考的习惯。

任务一　常用低压电器的识别

【任务分析】

在建筑工地以及工厂、办公楼的配电房里,往往都有一个或者多个电气控制柜,它们控制着机械设备的运转以及电灯、空调、办公电器等设备的工作情况。在控制柜中安装了许多低压电器设备,低压电器能够依据操作信号或外界现场信号的要求,自动或手动地改变电路的状态、参数,实现对电路或被控对象的控制、保护、测量、指示与调节。

低压电器的作用有控制作用、保护作用、测量作用、调节作用、指示作用、转换作用。低压电器的种类很多,通过本任务的学习,将要识别低压刀开关、转换开关、熔断器、按钮、交流接触器、热继电器等在电力拖动和自动控制系统中常用的低压电器。

【知识准备】

一、刀开关(又称闸刀开关)

1. 刀开关外形与结构

刀开关的外形和结构如图5-1所示。它主要由手柄、触头、静夹座、进线座、出线座及绝缘底板组成。推动手柄至合位(使触头插入静夹座中),电路接通;拉下手柄至分位,电路即断开。刀开关按极数可分为单极、双极和三极等。

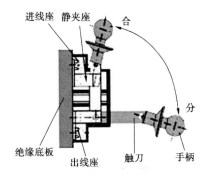

(a)刀开关外形图　　　　　　　　　(b)刀开关结构图

图5-1　刀开关外形及结构图

2. 刀开关的型号与含义

刀开关的型号与含义如下：

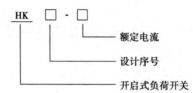

3. 刀开关的符号

刀开关的电气符号如图 5-2 所示。

4. 刀开关的用途

在低压电路中作为不频繁地接通和切断电路，或作为隔离开关使用。

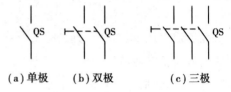

图 5-2　刀开关的电气符号

5. 刀开关的选用

刀开关适用于接通或断开有电压而无负载电流的电路。在一般的照明电路和功率小于 5.5 kW 的控制电路中采用。

①用于照明和电热负载时可选用额定电压 220 V 或 250 V，额定电流大于或等于电路最大工作电流的双极开关。

②用于电动机的直接启动和停止，选用额定电压 380 V 或 500 V，额定电流大于或等于电动机额定电流 3 倍的三极开关。

6. 刀开关的安装与使用

①刀开关必须垂直安装在控制屏或开关板上，不允许倒装或平装，接通状态时手柄应朝上，以防发生误合闸事故。接线时进线和出线不能接反，防止在更换熔体时发生触电事故。

②刀开关控制照明和电热负载使用时，要装接熔断器作短路和过载保护。接线时应将电源线接在上端，负载接在下端，这样拉闸后刀片与电源隔离，可防止意外事故发生。

③更换熔体时，必须在闸刀断开的情况下按原规格更换。

④在接通和断开操作时，应动作迅速，使电弧尽快熄灭。

二、转换开关

1. 转换开关外形与结构

转换开关的外形和结构如图 5-3 所示，它主要由手柄、转轴、弹簧、凸轮、绝缘垫板、动触点、静触点、接线端子及绝缘杆等组成。

2. 转换开关的型号与含义

转换开关的型号与含义如下：

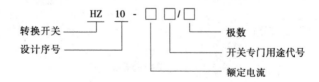

（a）转换开关的外形

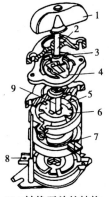

（b）转换开关的结构

图 5-3 转换开关的外形与结构

1—手柄;2—转轴;3—弹簧;4—凸轮;5—绝缘垫板;

6—动触点;7—静触点;8—接线端子;9—绝缘杆

3. 转换开关的符号

转换开关的电气符号如图 5-4 所示。

4. 转换开关的用途

转换开关广泛应用于交流 50 Hz,380 V 以下的线

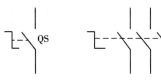

图 5-4 转换开关的电气符号

路中,手动不频繁地接通和断开电路、换接电源和负

载、测量三相电压及控制 5 kW 以下小容量异步电动机的启动、停止和正反转、变速。

5. 转换开关的选用

转换开关应根据电源种类、电压等级、所需触点数、接线方式及负载容量进行选用。用于

直接控制异步电动机的启动和正/反转时,开关的额定电流一般取电动机额定电流的 1.5 ~

2.5倍。

HZ10 系列的转换开关为全国统一设计产品,其主要技术数据见表 5-1。

表 5-1 HZ10 系列转换开关基本技术参数

型 号	额定电压/V	额定电流/A	极 数	极限操作电流/A		可控制电动机最大容量和额定电流	
				接通	断开	最大容量/kW	额定电流/A
HZ10-10	交流 380	6	单极	94	62	3	7
		10					
HZ10-25		25	2,3	155	108	5.5	12
HZ10-60		60					
HZ10-100		100					

三、熔断器

熔断器在低压配电网和电力拖动系统中的主要作用是短路保护。短路是由于电气设备或导线的绝缘损坏而导致的一种电气故障。

1.熔断器的结构与保护(熔断)特性

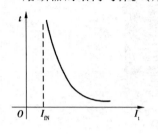

图 5-5　熔断器的时间-电流特性

（1）熔断器的结构

熔断器主要由熔体、安装熔体的熔管和熔座 3 个部分组成。

（2）熔断器时间-电流特性

熔断器的保护(熔断)特性曲线,即熔断器的熔断时间与熔断器电流之间的关系曲线,通常也称为安秒特性,如图 5-5 所示。

熔断时间与熔体电流成反比。熔体电流小于等于熔体额定电流 I_{fN} 时,不会熔断,可以长期工作。熔断器的熔断电流与熔断时间的关系见表 5-2,I_N 为电动机的额定电流。

表 5-2　熔断器的熔断电流与熔断时间的关系

熔断器电流 I_f/A	$1.25I_N$	$1.6I_N$	$2.0I_N$	$2.5I_N$	$3.0I_N$	$4.0I_N$	$8.0I_N$	$10.0I_N$
熔断时间 t/s	∞	3 600	40	8	4.5	2.5	1	0.4

2.熔断器的类型

熔断器的类型见表 5-3。

表 5-3　熔断器的类型

类型	型号	外形与结构	结构特点	应用场合
瓷插式熔断器	RC1A 系列	静触头　瓷座　动触头　瓷盖　熔丝	该系列熔断器由瓷座、瓷盖、动触头、静触头及熔丝 5 个部分组成。其特点是结构简单、价格低廉、更换方便,使用时将瓷盖插入瓷座,拔下瓷盖便可更换熔丝。但该熔断器极限分断能力较差。由于为半封闭结构,熔丝熔断时有声光现象,在易燃易爆的工作场合应禁止使用	主要用于交流 50 Hz、额定电压 380 V 及以下、额定电流为 5～200 A 的低压线路末端或分支电路中,作线路和用电设备的短路保护,在照明线路中还可起过载保护作用

续表

类型	型号	外形与结构	结构特点	应用场合
螺旋式	RL系列	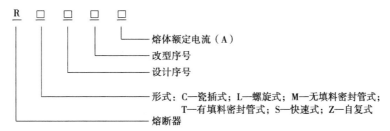瓷帽 熔断管 瓷套 上接线座 下接线座 瓷座	该系列熔断器主要由瓷帽、熔断管、瓷套、上接线座、下接线座及瓷座等部分组成。熔断管内装有石英砂、熔丝和带小红点的熔断指示器,石英砂用于增强灭弧性能。该系列熔断器的分断能力较高,结构紧凑,体积小,安装面积小,更换熔体方便,工作安全可靠,熔丝熔断后有明显指示。当从瓷帽玻璃窗口观察到带小红点的熔断指示器自动脱落时,表示熔丝已经熔断	广泛应用于交流额定电压500 V、额定电流200 A及以下的控制箱、配电屏电路中以及机床设备及振动较大的场合,作为短路保护器件
无填料封闭管式	RM10系列	熔断管 夹座 夹座 底座	该系列熔断器由熔断器、熔体夹头及夹座部分组成。熔断器两端为黄铜制成的可拆式管帽,管内熔体为变截面的熔片,更换熔体较方便。RM10系列的极限分断能力比RC1A熔断器有所提高	用于交50 Hz、额定电压380 V、额定电流为63 A及以下工业电气装置的配电线路中(开关柜或配电屏中)

3.熔断器的型号与含义

熔断器的型号及含义如下:

```
R □ □ □ □
          └── 熔体额定电流(A)
        └── 改型序号
      └── 设计序号
    └── 形式:C—瓷插式;L—螺旋式;M—无填料密封管式;
        T—有填料密封管式;S—快速式;Z—自复式
└── 熔断器
```

4.熔断器的符号

熔断器的电气符号如图5-6所示。

5.熔断器的用途

熔断器主要用于低压电路的短路保护。

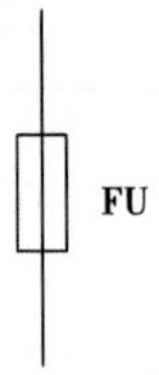

6. 熔断器的选用

(1)熔断器的选择

①根据使用环境和负载性质选择适当类型的熔断器。

②熔断器的额定电压应大于等于电路的额定电压。

③熔断器的额定电流应大于等于所装熔体的额定电流。

④上、下级电路保护熔体的配合应有利于实现选择性保护。

**图 5-6 熔断器
的电气符号**

(2)熔体额定电流的选择

①照明或阻性负载,熔体额定电流应大于等于负载的工作电流。

②单台电动机启动,则

$$I_{\text{fN}} \geqslant (1.5 \sim 2.5)I_{\text{N}}$$

③多台电动机不同时启动,则

$$I_{\text{fN}} \geqslant (1.5 \sim 2.5)I_{\text{Nmax}} + \sum I_{\text{N}}$$

式中　I_{fN}——熔体的额定电流,A;

　　　I_{N}——电动机的额定电流,A。

常见熔断器的主要技术参数见表 5-4。

表 5-4　常见熔断器的主要技术参数

类别	型号	额定电压/V	额定电流/A	熔体额定电流等级/A	极限分断/kA	功率因数
瓷插式熔断器	RC1A	380	5	2,5	2.25	0.8
			10	2,4,5,10	0.5	
			15	6,10,15		
			30	20,25,30	1.5	0.7
			60	40,50,60	3	0.6
			100	80,100		
			200	120,150,200		
螺旋式	RL1	500	15	2,4,6,10,15	2	≥0.3
			60	20,25,30,35,40,50,60	2.5	
			100	60,80,100	20	
			200	100,125,150,200	50	
	RL2	500	25	2,4,6,10,15,20,25	1	
			60	25,35,50,60	2	
			100	80,100	3.5	

续表

类别	型号	额定电压/V	额定电流/A	熔体额定电流等级/A	极限分断/kA	功率因数
无填料封闭管式	RM10	380	15	6,10,15	1.2	0.8
			60	15,20,25,35,45,60	3.5	0.7
			100	60,80,100	10	0.35
			200	100,125,160,200		
			350	200,225,260,300,350		
			600	350,430,500,600	12	0.35

四、主令电器

主令电器是用作切换控制电路,以发出指令或作程序控制的操纵电器。常用的主令电器有按钮开关、行程开关等。

1. 按钮

（1）按钮的结构及电气符号

按钮的外形和结构及电气符号如图5-7所示和见表5-5。它主要由静触点、动触点、复位弹簧、按钮帽及外壳等组成。

图 5-7　按钮的外形

表 5-5　按钮的结构及电气符号

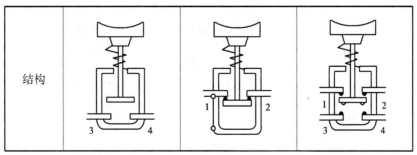

续表

电气符号	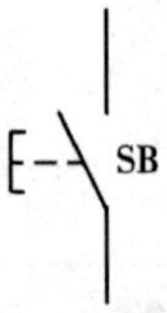 E—\SB	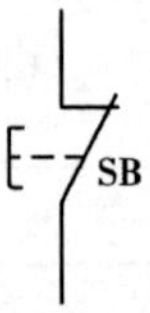 E—\SB	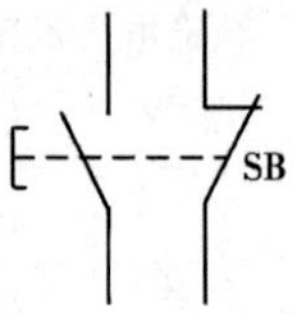 E—\SB
名称	常开按钮 （启动按钮）	常闭按钮 （停止按钮）	复合按钮

（2）按钮的用途

按钮是一种手动操作接通或断开小电流控制电路的主令电器。它不直接控制主电路的通断，而是利用按钮远距离发出手动指令或信号去控制接触器、继电器等，实现主电路的通断、功能转换或电气联锁。

（3）按钮的型号与含义

按钮的型号与含义如下：

```
          L A □-□□□
主令电器 ─┘ │ │  │ │└ 结构形式代号
  按钮 ───┘ │  │ └── 常闭触点数
设计序号 ───┘  └──── 常开触点数
```

（4）按钮的选用

①根据使用场合和具体用途选择按钮开关的种类。

②根据工作状态指示和工作情况要求，选择按钮的颜色。启动按钮选用绿或黑色，停止按钮或紧急停止按钮选用红色。

2. 行程开关

（1）行程开关的结构

JLXK1 系列行程开关外形如图 5-8 所示。JLXK1 系列行程开关的结构和动作原理如图 5-9 所示。JLXK1 系列行程开关主要由滚轮、杠杆、转轴、复位弹簧、撞块、微动开关、凸轮及调节螺钉等组成。

(a)JLXK1-311 按钮式　　(b)JLXK1- 单轮旋转式　　(c)JLXK1- 双轮旋转式

图 5-8　JLXK1 系列位置开关

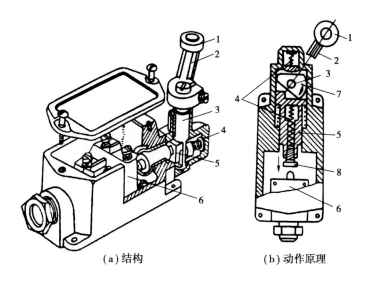

（a）结构　　　　　　　（b）动作原理

图 5-9　JLXK1 系列位置开关的结构和动作原理

1—滚轮；2—杠杆；3—转轴；4—复位弹簧；

5—撞块；6—微动开关；7—凸轮；8—调节螺钉

（2）行程开关的型号与含义

行程开关的型号与含义如下：

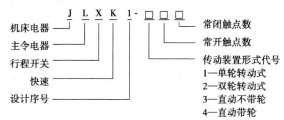

（3）行程开关的符号

行程开关的电气符号如图 5-10 所示。

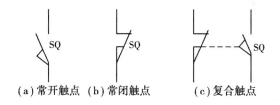

（a）常开触点　（b）常闭触点　　（c）复合触点

图 5-10　位置开关的电气符号

（4）行程开关的用途

行程开关又称位置开关或限位开关，它的作用是将机械位移转变为电信号，使电动机运行状态发生改变，即按一定行程自动停车、反转、变速或循环，从而控制机械运动或实现安全保护。行程开关包括位置开关、限位开关、微动开关及由机械部件或机械操作的其他控制开关。

（5）行程开关的选用

行程开关的主要参数是形式、工作行程、额定电压及触头的电流容量，在产品说明中都

有详细介绍。行程开关的选用主要根据动作要求、安装位置确定,其内容如下:

①操作头的结构:直动式或转动式,转动式包括单轮、双轮、万向式。

②自动复位或非自动复位。

③长挡铁或短挡铁。

④触点的数量。

五、接触器

接触器适用于远距离频繁地接通或断开交直流主电路及大容量控制电路。它不仅具有远距离自动操作和欠电压、零电压释放保护功能,而且具有控制容量大、操作频率高、工作可靠、性能稳定、使用寿命长等优点,因而在电力拖动系统中得到了广泛应用。

按主触点的电流种类,接触器分为交流接触器和直流接触器。实际应用以交流接触器为主,这里将重点介绍交流接触器。

1. 交流接触器的结构

交流接触器的结构和工作原理示意图如图 5-11 所示。交流接触器主要由电磁系统、触点系统、灭弧装置及辅助部件等组成。

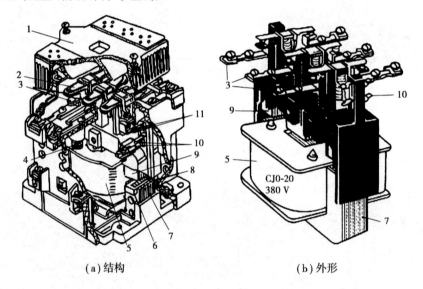

(a) 结构　　　　　　　　　(b) 外形

图 5-11　交流接触器的结构和工作原理

1—灭弧罩;2—触点压力弹簧片;3—主触点;4—反作用弹簧;5—线圈;6—短路环;

7—静铁芯;8—弹簧;9—动铁芯;10—辅助常开触点;11—辅助常闭触点

(1)电磁系统

电磁系统由线圈、动铁芯(衔铁)和静铁芯组成,其作用是将电磁能转换成机械能,产生电磁吸力带动触点动作。

(2)触点系统

触点系统包括主触点和辅助触点。主触点用于通断主电路,通常为 3 对常开触点。辅助触点用于控制电路,起电气联锁作用,故又称联锁触点,一般常开、常闭各两对。

（3）灭弧装置

容量在 10 A 以上的接触器都有灭弧装置,对于小容量的接触器,常采用双断口触点灭弧、电动力灭弧、相间弧板隔弧及陶土灭弧罩灭弧。对于大容量的接触器,采用纵缝灭弧罩及栅片灭弧。

（4）辅助部件

辅助部件包括反作用弹簧、缓冲弹簧、触点压力弹簧、传动机构及外壳等。

2. 交流接触器的工作原理

电磁式接触器的工作原理是:线圈通电后,在铁芯中产生磁通及电磁吸力。此电磁吸力克服弹簧反力使得衔铁吸合,带动触点机构动作,常闭触点打开,常开触点闭合,互锁或接通电路。线圈失电或线圈两端电压显著降低时,电磁吸力小于弹簧的反作用力,使得衔铁释放,触点机构复位,此时断开电路或解除互锁。

3. 交流接触器的型号与含义

交流接触器的型号与含义如下:

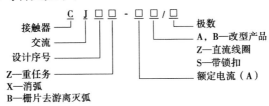

4. 交流接触器的符号

交流接触器的电气符号如图 5-12 所示。

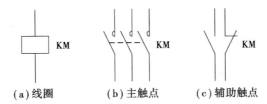

（a）线圈　　　　（b）主触点　　　（c）辅助触点

图 5-12　接触器的电气符号

5. 交流接触器的用途

交流接触器主要用于远距离频繁地接通或断开交直流主电路及大容量控制电路,还具有欠压、失压保护,同时有自锁、联锁的功能。

6. 交流接触器的选用

（1）选择接触器的类型

根据接触器所控制的电动机及负载电流类别来选择相应的接触器类型。

（2）选择接触器主触点的额定电压

接触器主触点的额定电压应大于等于负载回路的额定电压。

（3）选择接触器主触点的额定电流

接触器控制电阻性负载时,主触点的额定电流应等于负载的额定电流。控制电动机时,主触点的额定电流应大于或稍大于电动机的额定电流。

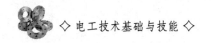

六、热继电器

继电器的工作原理是当某一输入量(如电压、电流、温度、速度、压力等)达到预定数值时,使它动作,以改变控制电路的工作状态,从而实现既定的控制或保护的目的。在此过程中,继电器主要起传递信号的作用。

1. 热继电器结构及原理

热继电器的内部结构如图 5-13(a)所示,其原理图如图 5-13(b)所示。其主要部分由热效应元件、触头系统、动作机构、复位按钮、整定电流装置及温度补偿元件等组成。

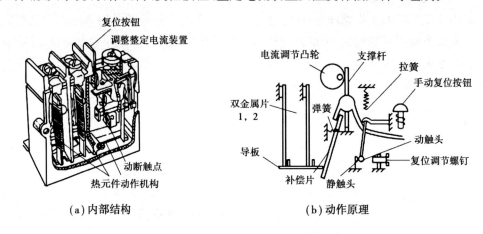

(a)内部结构　　　　　　　　(b)动作原理

图 5-13　双金属片式热继电器

(1)热效应元件

热元件是热继电器的主要组成部分,是工作电流的感测元件。由双金属片 1 和 2 及围绕在外面的电阻丝组成。双金属片是用两种热膨胀系数差异很大的金属(多为铁镍铬合金和铁镍合金)薄片叠压在一起制成的,电阻丝一般用康铜或镍铬合金材料制成。使用时,将电阻丝串联在电动机或其他用电设备的主电路中。正常时,双金属片不会弯曲使电路动作。

当电动机或其他用电设备过载时,过载电流使电阻丝发热过量,导致双金属片受热弯曲,推动导板向右平移。导板又推动温度补偿片右移,进而使推杆绕轴逆时针方向转动。动触点连杆失去推杆提供的向右推力后,在弹簧的拉力作用下向上移动,与静触点分离,使得电动机或其他用电设备的主电路被切断。温度补偿片的制作材料与主双金属片的材料相同,当环境温度变化时,它与双金属中在相同方向上产生附加弯曲,因而基本补偿了环境温度对热继电器动作精度的影响。

(2)触头系统

触头系统由一对公共动触点、一对常闭静触点和常开静触点组成。此触点属于单断点、弓簧跳跃式动作触点。

(3)动作机构

利用杠杆传递机构及弓簧式瞬跳机械来保证触点动作迅速、可靠。动作机构由导板、温度补偿双金属片、推杆、动触点连杆和弹簧等组成。

（4）复位机构

热继电器动作后复位方式有自动复位和手动复位两种。自动复位调节螺钉使动触点连杆的复位弹簧始终位于连杆转轴的左侧，当热电阻丝冷却后，双金属片恢复原状，触点的连杆在弹簧的作用下自动复位，与静触点闭合；手动复位将螺钉拧出一段距离，使复位弹簧位于连杆的左侧，双金属片冷却后，若由于弹簧的作用使动触点连杆不能自动复位，则必须按复位按钮，推动触点连杆绕轴逆时针方向旋转，使动触点下移，使之复位。一般自动复位的时间（从机构动作到自动复位）不大于 5 min，手动复位时间（从机构动作到手动复位）不大于 2 min。

（5）电流整定装置

热继电器的整定电流是指热继电器长期运行而不变化的最大电流。通常只要负载电流超过整定电流的 20%，热继电器就必须动作。整定电流的大小调节具体见外壳上方的电流调节盘。

（6）温度补偿元件

温度补偿元件也为双金属片，其受热弯曲的方向与主双金属片一致，它保证热继电器的动作特性（推杆与动触点连杆之间的动作间隙）在 −30 ～ +40 ℃ 的环境温度范围内基本上不受周围环境温度的影响。

2. 热继电器型号与含义

热继电器的型号及含义如下：

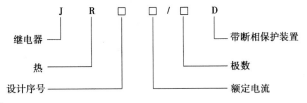

3. 热继电器符号

热继电器的电气符号如图 5-14 所示。

4. 热继电器的选用

热继电器主要用于保护电动机的过载，因此在选用时，必须了解被保护对象的工作环境、启动情况、负载性质、工作制以及电动机允许的过载能力等，使所选热继电

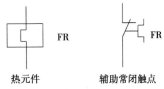

图 5-14　热继电器的电气符号

器与电动机配合，达到充分发挥电动机过载能力考核成绩、提高电动机的运行效率的目的。

（1）热元件额定电流的选择

①热元件的额定电流一般应略大于电动机（被保护用电设备）的额定电流。

②热元件的整定电流为电动机额定电流的 0.95 ～ 1.05 倍。当电动机启动时间不超过 5 s 时，发热元件的整定电流可以与电动机的额定电流相等。若在电动机频繁启动、正/反转、启动时间较长或带有冲击性负载等情况下，发热元件的整定电流值可取电动机或其他用电设备额定电流的 1.1 ～ 1.5 倍。

③对于过载能力较差的电动机,热元件额定电流应适当降低。

（2）热继电器额定电流与额定电压的选择

热继电器的额定电流应大于等于热元件的额定电流;热继电器的额定电压应大于或等于线路的额定电压。

（3）相数及是否带断相保护等的选择

对于一般轻载启动、长期工作或间断长期工作的电动机,可选择两相保护式热继电器;当电源平衡性能差,工作环境恶劣或很少有人看守时,可选择三相保护式热继电器;对于三角形连接的电动机,应选择带断相保护的热继电器,即型号后面带有 D 字母、T 系列或 3UA 系列等。

（4）安装方式的选择

安装方式可选择单独安装式、组合安装式或导轨安装式。

（5）在保护重要电动机的场合,应选用保护性能好的电子式热继电器。

【任务实施】

画出表 5-6 中常用低压开关的电气符号,并说明其功能及运用场合。

表 5-6　常用低压开关的电气符号、功能及运用场合

名　称	电气/文字符号	功能及运用场合
刀开关（又称闸刀）		
转换开关		
熔断器		
按钮		
铁壳开关		

续表

名　称	电气/文字符号	功能及运用场合
行程开关		
交流接触器		
热继电器		

【友情提醒】

　　注意:常用低压用电器的电气符号大同小异,因此,在绘图时要注意图形符号的图形。

【任务评价】

任务内容	任务要求	完成情况		
		能独立完成	能在老师指导下完成	不能完成
常用低压开关	能正确识别常用低压开关的外形结构			
	能正确描述常用低压开关的功能及运用场合			
	能正确书写出各常用低压开关的电气符号			
自我评价				
教师评价				
任务总评				

【知识巩固】

1.刀开关的用途有哪些?

2.转换开关的用途有哪些?

3. 简述铁壳开关的用途。

4. 熔断器的作用是什么?

5. 按钮的颜色如何选用?

6. 交流接触器由哪几部分组成?简述其工作原理。

7. 热继电器在电路中主要起什么作用?

任务二　认识基本电气控制电路

【任务分析】

在实际生产中,应用最为广泛的是电动机单向运转,也就是电动机的(正转)单向控制。为实现异步电动机单向运行控制所设计的控制线路,称为电动机正转控制线路,也是最简单的基本控制线路。常用的有点动正转控制线路、具有过载保护的接触器自锁正转控制线路等三相异步电动机控制线路。

【知识准备】

一、电气图中的统一符号

学习后应正确理解和熟练记忆一部分常用低压电器的图形符号和文字符号的国家统一标准。

1. 图形符号

图形符号是用以表示一个设备或概念的图形、标记或字符,含有符号要素、一般符号和限定符号。符号要素是一种具有确定意义的简单图形,必须同其他图形结合才能构成一个设备或概念的完整符号;一般符号是用以表示一类产品和此类产品特征的一种简单的符号;限定符号是一种加在其他符号上提供附加信息的符号。

运用图形符号绘制电气图时应注意以下3点:

①符号尺寸大小、线条粗细依国家标准可放大与缩小,但在同一张图样中,统一符号的尺寸应保持一致,各符号之间及符号本身比例应保持不变。

②标准中指示出的符号方位,在不改变符号含义的前提下,可根据图面布置的需要旋转,或成镜像位置,但是文字和指示方向不得倒置。

③大多数符号都可以附加上补充说明标记。

2. 文字符号

文字符号用于电气技术领域中技术文件的编制,也可以标注在电气设备、装置和元器件上或近旁,以表示电气设备、装置和元器件的名称、功能、状态和特性。文字符号包括基本文字符号、辅助文字符号。基本文字符号有单字母符号与双字母符号两种:单字母符号按拉丁字母顺序将各种电气设备、装置和元器件划分为23大类,每一类用一个专用单字母符号表示;双字母符号由一个表示种类的单字母符号与另一个字母组成,且以单字母符号在前,另一个字母在后的次序排列。辅助文字符号用来表示电气设备、装置和元器件以及电路的功能、状态和特征。

3. 接线端子

接线端子的标记方法包括对三相交流电源、电动机主电路、控制电路、电动机绕组的标记方法。

二、识图

1. 识图方法

(1)结合电工基础知识识图

在实际生产的各个领域中,所有电路(如输变配电、电力拖动和照明等)都是建立在电工基础理论之上的。因此,要想准确、迅速地看懂电气图,必须具备一定的电工基础知识。例如,三相笼形异步电动机的正转和反转控制,就是利用三相笼形异步电动机的旋转方向是由电动机三相电源的相序来决定的原理,用倒顺开关或两个接触器进行切换,改变输入电动机的电源相序,以改变电动机的旋转方向。

(2)结合电器元件的结构和工作原理识图

电路中有各种电器元件,如:配电电路中的负荷开关、自动空气开关、熔断器、互感器、仪表等;电力拖动电路中常用的各种继电器、接触器和各种控制开关等;电子电路中,常用的各种二极管、三极管、晶闸管、电容器、电感器以及各种集成电路等。因此,在识读电气图时,首先应了解这些元器件的性能、结构、工作原理、相互控制关系以及在整个电路中的地位和作用。

(3)结合典型电路识图

典型电路就是常见的基本电路,如电动机的启动、制动、正反转控制、过载保护电路,时间控制、顺序控制、行程控制电路,晶体管整流电路,振荡和放大电路,晶闸管触发电路等。不管多么复杂的电路,几乎都是由若干基本电路所组成。因此,熟悉各种典型电路,在识图时就能迅速地分清主次环节,抓住主要矛盾,从而看懂较复杂的电路图。

(4)结合有关图纸说明识图

凭借所学知识阅读图纸说明,有助于了解电路的大体情况,便于抓住看图的重点,达到顺利识图的目的。

(5)结合电气图的制图要求识图

电气图的绘制有一些基本规则和要求,这些规则和要求是为了加强图纸的规范性、通用性和示意性而提出的。可以利用这些制图的知识准确识图。

2. 识图要点和步骤

(1)看图纸说明

图纸说明包括图纸目录、技术说明、元器件明细表和施工说明等。识图时,首先要看图

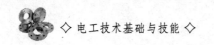

纸说明,搞清设计的内容和施工要求,这样就能了解图纸的大体情况,抓住识图的重点。

（2）看主标题栏

在看图纸说明的基础上,接着看主标题栏,了解电气图的名称及标题栏中有关内容。凭借有关的电路基础知识,对该电气图的类型、性质、作用等有明确的认识,同时大致了解电气图的内容。

（3）看电路图

看电路图时,先要分清主电路和控制电路、交流电路和直流电路,其次按照先看主电路,再看控制电路的顺序读图。看主电路时,通常从下往上看,即从用电设备开始,经控制元件,顺次往电源看。看控制电路时,应自上而下、从左向右看,即先看电源,再顺次看各条回路,分析各回路元器件的工作情况及其对主电路的控制。通过看主电路,要搞清用电设备是怎样从电源取电的,电源经过哪些元件到达负载等。通过看控制电路,要搞清它的回路构成、各元件间的联系（如顺序、互锁等）、控制关系和在什么条件下回路构成通路或断路,以理解工作情况等。

（4）看接线图

接线图是以电路图为依据绘制的,因此要对照电路图来看接线图。看的时候,也要先看主电路,再看控制电路。看主电路时,从电源输入端开始,顺次经控制元件和线路到用电设备,与看电路图有所不同。看控制电路时,要从电源的一端到电源的另一端,按元件的顺序对每个回路进行分析。

接线图中的线号是电器元件间导线连接的标记,线号相同的导线原则上都可以接在一起。因为接线图多采用单线表示,所以对导线的走向应加以辨别,还要弄清端子板内外电路的连接。结合基础理论分析电路,任何电气控制系统无不建立在所学的基础理论上,如电机的正反转、调速等是同电机学相联系的;交直流电源、电气元件以及电子线路部分又是与所学的电路理论及电子技术相联系的。应充分应用所学的基础理论分析电路及控制线路中元件的工作原理。具体地说,电气原理图分析的一般步骤如下:

①看电路图中的说明和备注,有助于了解该电路的具体作用。

②划分电气原理图中的主电路、控制电路、辅助电路、交流电路和直流电路。

③从主电路着手,根据每台电动机和执行器件的控制要求去分析控制功能。分析主电路时,采用从下往上看,即从用电设备开始,经控制元件,依次往电源看;分析控制电路时,采用从上往下、从左往右的原则,将电路化整为零,分析局部功能。

④再分析辅助控制电路、联锁保护环节等。

⑤将各部分归纳起来全面掌握。

三、电动机点动正转控制线路

电动机点动正转控制线路的电气原理图如图 5-15 所示。点动正转控制线路是由低压断路器 QS、熔断器 FU、启动按钮 SB、接触器 KM 及电动机 M 组成。其中,以低压断路器 QS 作电源隔离开关,熔断器 FU 作短路保护,按钮 SB 控制接触器 KM 的线圈得电、失电,接触器 KM 的主触点控制电动机 M 的启动与停止。

点动正转控制线路的工作原理如下：

合上电源开关 QS。

启动：按下按钮 SB→KM 线圈得电→KM 主触头闭合→电动机 M 启动运转。

停止：松开按钮 SB→KM 线圈失电→KM 主触头分断→电动机 M 失电停转。

停止使用时，断开电源开关 QS。

四、电动机连续正转控制线路

电动机连续正转控制线路的电气原理图如图 5-16 所示。连续正转控制线路是由低压断路器 QS、熔断器 FU、启动按钮 SB1、停止按钮 SB2、接触器 KM 及电动机 M 组成。其中，以低压断路器 QS 作电源隔离开关，熔断器 FU 作短路保护，按钮 SB1、SB2 分别控制接触器 KM 的线圈得电、失电，接触器 KM 的主触点控制电动机 M 的启动与停止。

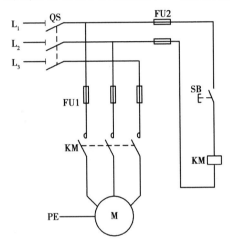

图 5-15　点动正转控制线路的电气原理图

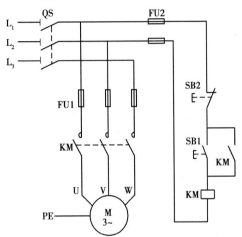

图 5-16　连续正转控制线路的电气原理图

1. 连续正转控制线路的工作原理

合上电源开关 QS。

启动：按下按钮 SB1→KM 线圈得电→KM 主触头闭合、KM 自锁触头闭合→电动机 M 启动连续运转。

停止：按下按钮 SB2→KM 线圈失电→KM 主触头分断、KM 自锁触头分断→电动机 M 失电停转。

停止使用时，断开电源开关 QS。

2. 连续正转控制线路的特点

①欠压保护："欠压"是指线路供电电压低于电动机额定电压的 85%，电动机能自动脱离电源停转，避免电动机在欠压下运行的一种保护。

②失压（零电压）保护："失压"保护是指电动机在正常运行中，遭遇突然停电，当重新供电时保证电动机不能自行启动的一种保护。

【任务实施】

①画出表5-7中常用低压开关的电气符号,并说明其功能及运用场合。

表5-7　常用低压开关的电气符号、功能及运用场合

名　称	图形符号	文字符号	运用场合
刀开关			
熔断器			
按钮			
行程开关			
接触器			
热继电器			

②简述具有过载保护的连续正转控制线路的工作原理。具有过载保护的连续正转控制线路的电气原理图如图5-17所示。

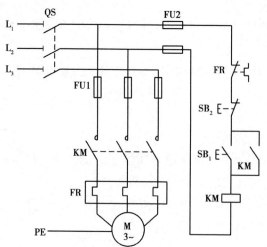

图5-17　具有过载保护的连续正转控制线路的电气原理图

【友情提醒】

①实际应用中,电动机、各种电器元件的图形符号和文字符号应符合我国已颁布实施的有关国家标准,并且应当关注最新国家标准。

②电气原理图是用图形符号、文字符号、项目代号等表示电路各个电器元件之间的关系和工作原理,它结构简单、层次分明,适用于研究和分析电路工作原理,并可为寻找故障提供帮助,同时也是编制电气安装接线图的依据,因此在设计部门和生产现场得到广泛应用,应当引起足够的重视。

③识读电气原理图时首先要弄清电气控制的基本要求和运行条件,在此基础上先读主电路,然后识读控制电路。

④特别注意图中所有电器的触点都是在线圈未通电或触点未受到机械外力作用时的状态,同一电器的各个部件在图中均用同一文字符号标注。

【任务评价】

任务内容	任务要求	完成情况		
		能独立完成	能在老师指导下完成	不能完成
常用低压电器部分	能正确识别各个低压电器			
	能正确绘制各个低压电器的电气符号			
电机点动与连续控制线路部分	能正确识别电气原理图			
	能正确安装控制线路			
自我评价				
教师评价				
任务总评				

【知识巩固】

1.简述电动机点动正转控制线路的工作原理。

2.简述电动机连续正转控制线路的工作原理。

任务三　电气控制线路的安装与调试

【任务分析】

机械的运动部件都需要正反向工作,如铣床的主轴要求能改变旋转方向,工作台要求能往返运动。这种需求可由电动机的正反转来实现。改变电动机的三相电源相序,就可改变电动机的旋转方向,正反转控制线路正是根据这个原理设计出来的。简单的控制线路是应用倒顺开关直接使电动机作正反转,但只适用于电动机容量小、正反转不甚频繁的场合。因此,实际中多采用接触器控制的形式来实现正反转控制。常用的正反转控制线路有倒顺开关正反转控制线路、接触器联锁正反转控制线路等。

【知识准备】

一、倒顺开关正反转控制线路

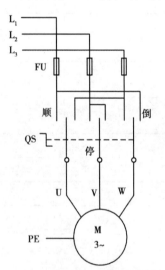

图 5-18　倒顺开关正反转控制线路图

倒顺开关正反转控制线路图如图 5-18 所示。倒顺开关正反转控制线路具有使用电器少,线路简单,一般用于控制额定电流 10 A、功率在 3 kW 及以下的小容量电动机。

1. 倒顺开关正反转控制线路的工作原理

操作倒顺开关 QS 如下:

当手柄处于"停"位置时,QS 的动、静触头不接触,电路不通,电动机不转。

当手柄板至"顺"位置时,QS 的动触头与左边的静触头相接触,电路按 L₁—U,L₂—V,L₃—W 接通,输入电动机定子绕组的电源电压相序为 L₁—L₂—L₃,电动机正转。

当手柄板至"倒"位置时,QS 的动触头与右边的静触头相接触,电路按 L₁—W,L₂—V,L₃—U 接通,输入电动机定子绕组的电源电压相序变为 L₃—L₂—L₁,电动机反转。

2. 使用时应注意的事项

当电动机处于正转(反转)状态时,要使它反转(正转),应先把手柄扳到"停"的位置,使电动机先停转,然后再把手柄扳到"倒"("顺")的位置,使它反转(正转)。

二、接触器联锁正反转控制线路

开关正反转控制线路是一种手动控制线路,在频繁换向时,劳动强度大,不安全,控制功率小。在生产实践中常用的是接触器联锁正反转控制线路。

如图 5-19 所示的接触器联锁正反转控制线路,采用了两个接触器 KM_1 和 KM_2,分别控制电动机的正反转。从主电路可知,这两个接触器主触点所接通的电源相序不同,KM_1 按 L_1—L_2—L_3 相序接线,KM_2 则按 L_3—L_2—L_1 相序接线,因此能改变电动机的转向。相应地它设置了两条控制电路,由按钮 SB_2 和线圈 KM_1 等组成正转控制电路,由按钮 SB_3 和线圈 KM_2 等组成反转控制电路。

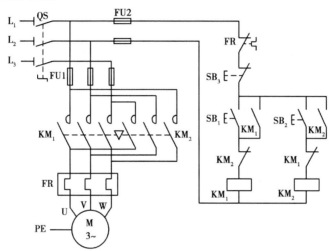

图 5-19　接触器联锁正反转控制线路

必须指出,主触点 KM_1 和 KM_2 绝不允许同时闭合,否则将造成电源两相短路事故;为了保证只有一个接触器得电和动作,在 KM_1 控制电路中串接了 KM_2 的常闭辅助触点,在 KM_2 控制电路中串接了 KM_1 的常闭辅助触点。

1.接触器联锁正反转控制线路的工作原理

首先合上电源开关 QS。

正转控制:按下 SB_1→KM_1 线圈得电→KM_1 联锁触头分断对 KM_2 联锁、KM_1 自锁触头闭合自锁、KM_1 主触头闭合→电动机 M 启动连续正转。

反转控制:先按下 SB_3→KM_1 线圈失电→KM_1 自锁触头分断解除自锁、KM_1 主触头分断、KM_1 联锁触头恢复闭合,解除对 KM_2 联锁→电动机 M 失电,惯性运转。再按下 SB_2→KM_2 线圈得电→KM_2 联锁触头分断对 KM_1 联锁、KM_2 自锁触头闭合自锁、KM_2 主触头闭合→电动机 M 启动连续反转。

停止:按下 SB_3→控制电路失电→KM_1(KM_2)主触头分断→电动机 M 失电停转。

停止使用时,分断电源开关 QS。

2.联锁(互锁)的定义

在正、反转控制电路中分别串接了对方接触器的一对常闭触头,当一个接触器得电动作时,通过其常闭触头使另一个接触器不能得电动作。这种相互制约的作用称为联锁(或互锁),所用的常闭触点称为联锁触点(或互锁触点),因联锁的双方为接触器,故这种控制方式称为接触器联锁。

3.接触器联锁的正反转控制线路的优点和缺点

优点:工作安全可靠。

缺点:操作不方便。

三、电气控制线路的调试与维修

在电气控制线路通电运行前,需对电路进行调试,若存在故障,还需进一步维修。通常电气控制线路的故障一般可分为自然故障和人为故障两大类。自然故障是由于电气设备在运行时过载、振动、锈蚀、金属屑和油污侵入、散热条件恶化等原因,造成电气绝缘下降、触点熔焊、电路接点接触不良,甚至发生接地或短路而形成的。人为故障是由于在安装控制线路时布线接线错误,在维修电气故障时没有找到真正原因或者修理操作不当,不合理地更换元器件或改动线路而形成的。一旦线路发生故障,轻者会使电气设备不能工作,影响生产;重者会造成人身、设备伤害事故。作为电气操作人员,一方面应加强电气设备日常维护与检修,严格遵守电气操作规范,消除隐患,防止故障发生;另一方面还要在故障发生后,保持冷静,及时查明原因并准确地排除故障。

电气控制线路故障的常用分析方法有调查研究法、试验法、逻辑分析法和测量法。

(1)调查研究法

调查研究法就是通过"看""听""闻""摸""问",了解明显的故障现象;通过走访操作人员,了解故障发生的原因;通过询问他人或查阅资料,帮助查找故障点的一种常用方法。这种方法效率高,经验性强,技巧性大,需要在长期的生产实践中不断地积累和总结。

(2)试验法

试验法是在不损伤电气和机械设备的条件下,以通电试验来查找故障的一种方法。通电试验一般采用"点触"的形式进行试验。若发现某一电器动作不符合要求,即说明故障范围在与此电器有关的电路中,然后在这部分故障电路中进一步检查,便可找出故障点。有时也可采用暂时切除部分电路(如主电路)的方法,来检查各控制环节的动作是否正常,但必须注意不要随意用外力使接触器或继电器动作,以防引起事故。

(3)逻辑分析法

逻辑分析法是根据电气控制线路工作原理、控制环节的动作程序以及它们之间的联系,结合故障现象进行故障分析的一种方法。它以故障现象为中心,对电路进行具体分析,提高了检修的针对性,可收缩目标,迅速判断故障部位,适用于对复杂线路的故障检查。

(4)测量法

测量法是利用校验灯、试电笔、万用表、蜂鸣器、示波器等对线路进行带电或断电测量的一种方法。在利用万用表欧姆挡和蜂鸣器检测电器元件及线路是否断路或短路时必须切断电源。同时,在测量时要特别注意是否有并联支路或其他电路对被测线路产生影响,以防误判。

电气控制线路的故障检修方法不是千篇一律的。各种方法可以配合使用,但不要生搬硬套。在一般情况下,调查研究法能帮助我们找出故障现象;试验法不仅能找出故障现象,还能找到故障部位或故障回路;逻辑分析法是缩小故障范围的有效方法;测量法是找出故障点最基本、最可靠和最有效的方法。在实际检修工作中,应做到每次排除故障后,及时总结经验,做好检修记录,作为档案以备日后维修时参考。并要通过对历次故障的分析和检修,采取积极有效的措施,防止再次发生类似的故障。

电气控制线路故障检修的一般步骤如下:

①确认故障现象的发生,并分清本故障是属于电气故障还是机械故障。

②根据电气原理图,认真分析故障发生的可能原因,大概确定故障发生的可能部位或回路。

③通过一定的技术、方法、经验和技巧找出故障点。这是检修工作的难点和重点。由于电气控制线路结构复杂多变,故障形式多种多样,因此要快速、准确地找出故障点,要求操作人员既要学会灵活运用"看"(看是否有明显损坏或其他异常现象)、"听"(听是否有异常声音)、"闻"(闻是否有异味)、"摸"(摸是否发热)、"问"(向有经验的老师傅请教)等检修经验,又要弄懂电路原理,掌握一套正确的检修方法和技巧。

④排除故障。

⑤通电运行试验。

四、用测量法确定故障点

测量法是利用电工工具和仪表(如测电笔、万用表、钳形电流表、兆欧表等)对线路进行带电或断电测量,是查找故障点的有效方法。测量方法像台阶一样依次测量,因此称为分阶测量法。

1.电压分阶测量法

电压分阶测量示意图如图5-20所示。

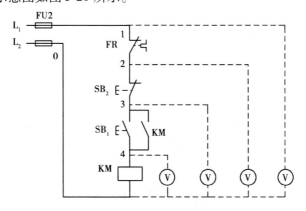

图5-20　电压分阶测量示意图

2.电阻分阶测量法

电阻分阶测量示意图5-21所示。

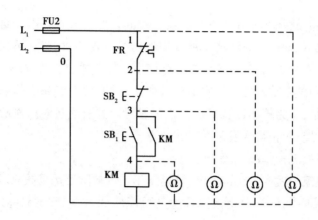

图 5-21 电阻分阶测量示意图

【任务实施】

一、分析电气控制线路

试分析如图 5-22 所示各电路能否正常工作？若不能正常工作，请找出原因，并改正过来。

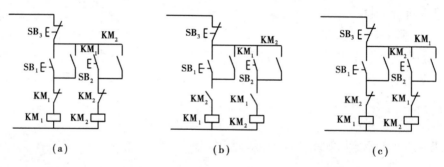

　　　（a）　　　　　　　（b）　　　　　　　（c）

图 5-22 电气控制线路分析

二、根据控制原理要求安装电气控制线路

1. 电路的功能

先合上电源开关 QS。

正转时，先按下启动按钮 SB_2，SB_2 的常闭触点先分断，对 KM_2 联锁（切断反转控制电路）；SB_2 的常开触点后闭合，使 KM_1 线圈得电，KM_1 的常闭辅助触点先分断，再次对 KM_2 联锁（此时实现双重联锁），KM_1 的主触点和常开辅助触点同时闭合，电动机 M 启动正转运行。

反转时，直接按下启动按钮 SB_3，SB_3 的常闭触点先分断，对 KM_1 联锁，KM_1 线圈失电，KM_1 主触点断开，电动机 M 失电，KM_1 联锁触点恢复闭合，为 KM_2 线圈得电作准备；SB_3 的常开触点后闭合，KM_2 线圈得电，电动机反转启动运行。

需要停止时，按下停止按钮 SB_1，整个控制电路失电，主触点分断，电动机 M 失电停止正转或反转。

2. 任务要求

①根据电路功能要求,绘制电路原理图。

②根据电路原理图,安装控制电路。

【友情提醒】

　　接触器联锁的正反转控制线路中,图 5-19 主触点 KM_1 和 KM_2 绝不允许同时闭合,否则将造成电源两相短路事故;为了保证只有一个接触器得电和动作,在 KM_1 控制电路中串接了 KM_2 的常闭辅助触点,在 KM_2 控制电路中串接了 KM_1 的常闭辅助触点。

【任务评价】

任务内容	任务要求	完成情况		
		能独立完成	能在老师指导下完成	不能完成
正反转控制线路的组成和工作原理部分	能正确找出正反转控制线路的各个器件			
	能正确说出正反转控制线路的工作原理			
正反转控制线路的安装部分	能正确识别电气原理图			
	能正确安装控制线路			
自我评价				
教师评价				
任务总评				

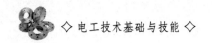
【知识拓展】

一般,由常用低压电器构成的控制电路称为继电-接触控制电路。它的控制功能是靠接线电路来实现的。接线不同,则可实现不同的控制功能。继电器-接触器控制随着实现功能的复杂程度,其接线也更为复杂。它属于机械控制,一般用于小型简单的、逻辑性单一的线路。

现在的控制线路大多采用 PLC 进行控制,PLC 是可编程控制器(Programmable Logic Controller)的英文缩写。PLC 是一种智能型工业设备控制器,功能十分强大,通过编程或梯形图实现各种应用的控制功能。PLC 用于复杂的控制场合,功能的繁简与接线数量无关。PLC 实现的应用功能是靠软件编程实现的。可编程逻辑控制器(PLC)具有使用方便,编程简单;功能强,性能价格比高;硬件配套齐全,用户使用方便,适应性强;可靠性高,抗干扰能力强;系统的设计、安装、调试工作量少;维修工作量小,维修方便等特点。因此,在工业中广泛采用 PLC 作为控制核心。目前,主流的 PLC 有西门子、三菱、欧姆龙及台达等。

【知识巩固】

简述接触器联锁正反转控制线路的工作原理。

参考文献

［1］周德仁,孔晓华.电工技术基础与技能(电类专业通用)［M］.北京:电子工业出版社,2010.

［2］聂广林,赵争召.电工技术基础与技能［M］.重庆:重庆大学出版社,2010.

［3］邵展图.电工基础［M］.北京:中国劳动社会保障出版社,2007.

［4］周绍敏.电工技术基础与技能［M］.北京:高等教育出版社,2010.

［5］余春辉.电工技能训练与考核项目教程［M］.北京:科学出版社,2009.

［6］田建苏,张文燕,朱小琴.电力拖动控制线路与技能训练［M］.北京:科学出版社,2009.

［7］俞艳.电工技术基础与技能［M］.北京:人民邮电出版社,2010.

［8］周德仁.电工技术基础与技能(项目式教学)［M］.北京:机械工业出版社,2009.

［9］赵贵森,彭琳琳.电工技能与实训［M］.北京:人民邮电出版社,2014.